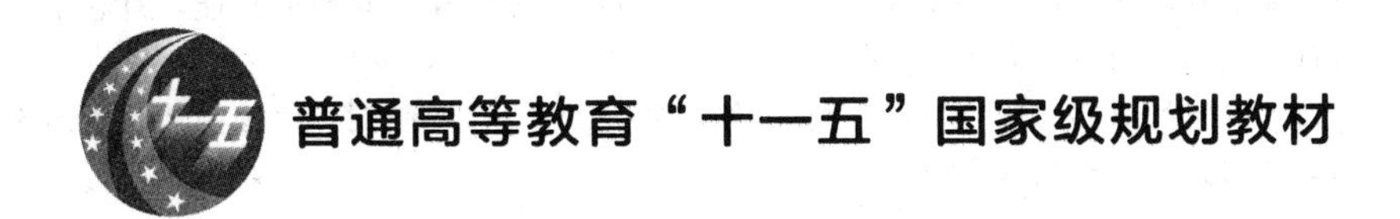

制药工程专业实验

第三版

宋航　主编

承强　樊君　副主编

化学工业出版社

·北京·

专业实验训练是制药工程专业实践教学的重要环节。《制药工程专业实验》（第三版）包括基本操作和实验技术、化学合成药物制备过程、生物药物制备过程、工业制剂以及新增的药物创新实验。本书详细介绍了制药工程专业实验的基本知识和基本操作技能要求，选择了较成熟、具有代表性的各类实验项目共76个，有助于学生更好地认识、理解和掌握制药工程专业的核心知识和实验研究技能，有利于培养学生解决复杂制药工程问题的能力以及创新思维。

《制药工程专业实验》（第三版）可作为高等学校制药工程、药物制剂、生物制药、中药学、药学等专业本科生教材，也可供相关科技人员参考。

图书在版编目（CIP）数据

制药工程专业实验/宋航主编. —3版. —北京：化学工业出版社，2019.9

普通高等教育“十一五”国家级规划教材

ISBN 978-7-122-34519-6

Ⅰ. ①制… Ⅱ. ①宋… Ⅲ. ①制药工业-化学工程-实验-高等学校-教材 Ⅳ. ①TQ46-33

中国版本图书馆CIP数据核字（2019）第092774号

责任编辑：杜进祥　马泽林　　装帧设计：关　飞

责任校对：杜杏然

出版发行：化学工业出版社（北京市东城区青年湖南街13号　邮政编码100011）

印　　装：三河市双峰印刷装订有限公司

787mm×1092mm　1/16　印张11　字数262千字　2020年2月北京第3版第1次印刷

购书咨询：010-64518888　　售后服务：010-64518899

网　　址：http：//www.cip.com.cn

凡购买本书，如有缺损质量问题，本社销售中心负责调换。

定　　价：35.00元

编写人员名单

主　　编　宋　航

副 主 编　承　强　樊君

编写人员　（以姓氏拼音为序）

承　强　四川大学
樊　君　西北大学
郝　红　西北大学
侯长军　重庆大学
胡昌华　西南大学
胡国勤　郑州大学
黄　洁　西北大学
黄　强　郑州大学
兰先秋　四川大学
郎淑霞　四川大学
李　军　四川大学
李　雯　郑州大学
李稳宏　西北大学
李延芳　四川大学
李永红　四川大学
李子成　四川大学
林　翔　四川大学
刘　柳　广西科技大学
马丽芳　四川大学
宋　航　四川大学
粟　晖　广西科技大学
谭　帅　四川大学
唐培潇　四川大学
田永强　四川大学
魏　竭　四川大学
熊　非　上海理工大学
姚　舜　四川大学
姚志湘　广西科技大学
张义文　四川大学
周　堃　四川大学
邹　祥　西南大学

前　言

《制药工程专业实验》于2004年出版，第一版教材将原有各专业课单独开设的实验课进行整合，强调学生对已学专业课知识的综合运用与实践，尽可能使其获得对药品生产基本过程的感性和理性认识。《制药工程专业实验》（第三版）的编写，不仅汇集了编者近20年来教学实践新积累的成果，同时也反映了编者对如何培养学生解决复杂制药工程问题的能力以及培养其创新思维的考量。

第三版教材除了仍包括基本操作和实验技术、化学合成药物制备过程、生物药物制备过程和工业制剂四个主要部分外，考虑到各校开始重视学生创新思维和能力的训练，本书新构建了药物创新实验部分，将原来分散于各章的相关项目及本次新增的项目归并于该部分中，目前主要是制药分析创新实验和制药工艺创新实验的训练内容。在基本操作和实验技术部分，考虑到尽可能不重复介绍理论教学内容、充实部分必备知识，在较大幅度精简原来的内容的同时也增加了“实验室仪器的校准与检定”的内容。在化学合成药物制备过程部分，实验项目有所更换，使训练内容和方式尽可能不重复、类型更为丰富、操作更安全。本次修订中，生物药物制备过程部分的内容基本保持不变。工业制剂部分仅增加了一个微生物 D 值和 Z 值测定项目。本次修订，全书仍保持12章不变，实验项目总数增加到76个，其中删去6个原有的项目，改写或新增项目共17个。

本书由宋航教授主编，承强和樊君副主编，四川大学、西北大学、郑州大学、西南大学、重庆大学、广西科技大学以及上海理工大学的十余位作者参加了教材的编写。本书在编写过程中引用了一些文献，在此谨向著作者表示诚挚的感谢。

制药工程专业教育尤其是实验训练尚在不断发展中，编者积累的经验尚不多、水平有限，书中疏漏之处在所难免，敬请读者提出宝贵意见。

编　者

2019年5月

第一版前言

制药工程是我国于1998年新创建的制药领域的工程学科专业，四川大学是全国首批招收和培养制药工程专业本科生的院校之一。经过几届毕业生的培养和5年的教学实践，积累了一定的经验。在四川大学“523实验室建设工程”项目的资助下，对制药工程专业本科生实验教学课程体系、实验内容及实验设施等，做了改革的探索和实践。国内其他院校也在实验教学方面做了努力，均有一些成功的经验。

制药工程专业实验是该专业教学实践的重要环节，但目前尚无一本有关的实验教材。四川大学、西北大学等院校的教师经过努力，将一些实践教学成果奉献出来，编撰成本书，为我国制药工程本科专业实验教学提供参考和借鉴。

本书编写的基本思想：

（1）改革原各专业课单独开设实验课的方式，将药物合成、制药过程检测与控制、制药工艺学、天然药物化学、工业药剂学等实验内容有机地形成综合性的制药工程专业实验。

（2）将实验划分为基本型、综合型及设计或研究型三类实验。基本实验保证每个学生接受到制药工程专业实验的基本训练，并适合不同层次院校制药工程专业的基本实验条件。综合型实验和设计或研究型实验，鼓励学生进一步接受更高要求的实验培训，强调对已学各科知识的综合运用和面对前沿问题时的大胆探索、独立开放思考，以有利于创新人才的培养。

本书共分4部分，包括：基本操作和实验技术、化学合成药物制备过程、生物药物制备过程以及工业制剂。

本书在编写中注意了以下问题：

（1）介绍了制药工程实验的各种重要的基本知识和基本操作技能，选择了较成熟的在基本操作和过程类型等各方面具有代表性的各类实验，如酯化反应、氧化反应、缩合反应、相转移催化反应等合成实验；天然药物化学重要成分类型的提取、分离和鉴定；也选择了部分发展较快的新反应、新技术，如固体酸催化反应、手性物非对称合成、手性对映体拆分；适当介绍色谱和手性色谱技术，并在具体实验中应用。

（2）将几门相关课的实验内容有机地结合起来，加强了从专业基础到专业实验课的内在联系，避免了专业基础、专业实验内容脱节及不必要的重复。内容由浅入深，循序渐进。

（3）实验内容涉及不同实验方法、实验技术及设备的应用，有利于学生较全面地了解和掌握各种制药技术和设备的特点。同时，对学生接触、了解实验室常见的印刷版和电子版的专业数据源，逐步提高文献阅读与利用能力给予重视。

（4）在设计实验时，对各实验进行了统筹安排。将几个实验项目组合以构成一个较完整的制药过程。例如基于模拟制药工业过程的训练要求，安排了L-抗坏血酸钙盐、盐酸萘替芬、曲尼斯特和*N*-丁基己内酰胺等品种的综合实验。这些实验涉及药物中间体制备、原料药合成、药品的回收使用、药物制剂的形成和原料药合成车间设计等环节，有助于学生对制药过程形成较完整的认识，并体现制药工程专业实践训练的工科特色。

（5）高校化学类、生物类实验室排放的污染废弃物总量虽不大，但实验化学试剂变化多，排放的污染物成分相当复杂，其中部分种类的毒性极大。因此，在强调职业安全防护、严格执行实验室管理制度的同时，尽可能进行化学药品的“减量化”直至整个制备过程的“绿色化”也是本书关注的重点之一。例如“(*R*)-四氢噻唑-2-硫酮-4-羧酸的合成”实验产物，可作为另一实验“苯乙胺的制备及外消旋体的拆分”的关键拆分试剂；合成或提取实验的产物，可直接用作制剂实验的原料药。

（6）教材的各部分均有明确的目的要求、关键问题说明，安全问题有提示并有相应的思考题，以利学生自学、掌握要领，充分调动学生学习的主动性和积极性。让学生在观察问题，分析、解决问题的能力方面得到提高。

书中所列的实验项目，在使用时可根据需要及课程时数进行选择。未注有*者为开发型实验，注有*者为综合型实验，注有**者为研究型实验。

本书由宋航教授主编，马丽芳、李延芳、承强、兰先秋、罗有福、李子成、郎淑霞以及樊君、郝红、贺建勋、黄洁、李稳宏、薛伟明等教师参加了教材的编撰。本书在编写中引用了一些文献，在此谨向著作权者表示诚挚的感谢。

限于编者的经验尚不多、水平有限，书中不当之处在所难免，敬请读者提出宝贵意见。

编　者

2004年10月

第二版前言

高等学校制药工程专业自 1999 年在国内正式开始招生时起，作为一门化学、生命科学、药学和化学工程等领域原理、技能相互渗透、融合而形成的新兴学科，已经经历了 10 年的发展历程。

《制药工程专业实验》第一版于 2004 年由四川大学、西北大学有关教师共同编著，体现的是第一个 5 年的教学实践积累，即将原有各专业课单独开设的实验课进行整合，基本着眼点是强调学生对已学专业课知识的综合运用与实践，尽可能获得对药品生产基本过程的感性和理性认识。本书第二版不仅汇集了第二个 5 年来的教学实践的新积累，同时也反映了我们对如何建立一个制药工程专业教育体系特有的核心知识、核心能力和素质的思考。

第二版全书仍由“基本操作和实验技术”“化学合成药物制备过程”“生物药物制备过程”和“工业制剂制备过程”四部分组成，各部分内容更新不一，全书则保持 12 章不变，由四川大学、西北大学、郑州大学、西南大学、重庆大学等有关教师协力完成。

本书的基本思路：在已有的多学科综合的基础上，针对制药工程的工科教育属性，推动学生的工程知识应用，强化其工程实践能力培养。

在第 1 部分“基本操作和实验技术”中，丰富了实验报告的格式，并引入了英文报告格式；结合当前化学信息学进展，补充了实验文献检索与辅助软件的介绍，以方便读者通过互联网获得共享信息。该部分其他内容做了适当的精简。

在第 2 部分“化学合成药物制备过程”中，结合目前国内原料药生产的实际情况，进行了两方面的修改。一是依据综合世界卫生组织药品 GMP 和 ICH 药品 GMP 中原料药 GMP 认证起始步骤划分表达——“原料药生产应从对原料药质量有关键性影响的步骤开始按照 GMP 生产”，将重点转向从中间体短步骤制备原料药的制备过程，以此达成与普通有机合成实验的必要区分；二是强化工业结晶操作训练，以使学生掌握工业结晶的基本概念和操作要点，实质性弥补了工业控制结晶在制药工程专业教学和企业生产实践中的薄弱环节。

在第 3 部分“生物药物制备过程”中，增加了“微生物药物制备”一章，强调在工业生产背景下训练学生的工程实践能力。选择链霉素、灰黄霉素为实验训练对象则是基于其为老品种，工艺流程相对简单，后分离纯化操作设备与工业生产设备基本一致，也容易获得有关企业的支持。而“溶菌酶晶体制备”则是蛋白质结构研究所需的核心技术训练之一，同时也拓展了控制结晶的研究广度。作为强化工程训练的一个教学研究成果，增加了茶多酚、川芎有效成分提取的综合工艺研究实验，引入了现代制药工业测控的训练内容。

在第 4 部分“工业制剂制备过程”增加了滴丸实验室制备过程，目的在于给学生提供一个半机械化的操作训练。

为方便开展不同类型实验，本书中未注有 * 者为开发型实验，注有 * 者为综合型实验，注有 * * 者为研究型实验。

基于上述，我们建议教师在规划、组织制药工程专业实验课程时，考虑以下几点。

(1) 在实验预习阶段强化学生对于专业文献数据的利用，如要求他们必须掌握借助

CRD 手册查阅并抄录本次实验所使用的所有化学物质的基本物性，包括 CAS 登录号、系统命名、分子量、熔点/沸点、主要溶解性能、闪点/燃点等；在实验报告阶段，尽可能建议学生使用专业的化学结构绘图软件绘制反应路线、反应装置示意图等，并鼓励有能力的同学撰写英文实验报告。实验预习及提交预习报告是实验规范的基本要求，目前现有的一些实验报告中的实验目的、实验原料等部分内容与预习报告重复。本教材建议采用更为合理的实验报告格式，并在附录中给出了中英文的实验预习报告和实验报告的示例，供教学参考。

（2）对于“普通化学合成药物”类实验，少步骤、单步的原料药制备项目更容易开展，其核心是按照原料药 GMP 的理念，重点关注制备过程的改进和产品纯度及不纯物的逐步分析，因此可以在具体实验中组织同学对比不同的溶剂、温度、反应时间和搅拌方式对产品收率、纯度和不纯物形成等指标的影响，并引入统计学方法进行多因素的实验方案设计。

（3）工业结晶是国内原料药生产技术中的薄弱环节，本书增加的“酒石酸钠钾的控制结晶”等实验项目应力争开设，以使师生亲身体验到有机合成结晶操作与工业控制结晶操作之间的显著差距，了解运用定量解析手段建立、控制制药过程的工程价值。在此基础上，再选择安排结晶拆分手性药物、溶菌酶结晶等实验，则对理论认识和实践技能的训练会有更好的效果。

（4）“植物药物制备”和“微生物药物制备”通过使用基本接近工业生产条件和机电一体化技术而增加了工程实践的真实感，并可以为学生工程科学定量解析试验过程提供一定条件。我们也建议将此类实验项目中所引入的现代制药工业测控技术，如热电阻温度传感器、压力传感器、安全阀以及固态继电器等取代目前尚在实验室较为普遍使用的水银温度计、压力表、电磁继电器等，以增强实验训练中工程实际的感受，同时也有利于提高教学实验装置的精度、可靠性与安全性。

作为在国内外出现 10 年或者略长一点的新兴工科专业，制药工程专业教育需要从过去十年的学科组合式发展模式进一步升华为学科融合的创新模式，以此真正构建出制药工程专业教育的独特价值。具体而言，在 10 年来学科组合、其主要母体学科——化学、药学主要使用定性的描述方法的历史基础上，制药工程专业教育需要按照高等工程教育发展的基本理念，迅速引入定量的解析工具，构建出自己比较严格、完备的工程科学知识体系，并同时关注侧重工程实践的工程知识体系的确立。

本书截稿时，正值国内开始重视和推广 CDIO 工程教育模式。CDIO 代表构思（Conceive）、设计（Design）、实现（Implement）和运作（Operate），它以产品研发到产品运行的全生命周期为实践背景，培养学生的工程能力，此能力不仅包括个人的学术知识，而且包括学生的终生学习能力、团队交流能力和大系统掌控能力。CDIO 强调让学生在不同类型的实践中获得多种能力，从而在宽口径、专业化实现均衡，由此通过培养学生的各种能力而非只是教给学生一些具体的知识达成通才教育的高素质和强能力。

CDIO 是“做中学”和“基于项目教育和学习”的集中概括和抽象表达，在四川大学、西南大学等制药工程专业开始进行 CDIO 教学模式探索的初步基础上，新修订出版的本书也有利于在 CDIO 工程教育理论的指导下进一步改进制药工程专业实践教学工作。

制药工程专业教育尚在不断发展中，作者积累的经验尚不多，水平有限，书中不妥和不当之处在所难免，敬请使用者提出宝贵意见。相信经过3年或者再长一些的教学实践后，作者将能够充分吸收各校师生使用本书的心得、意见，形成具有鲜明工程实践特色并易于国内各类层次高校实施的制药工程专业实验教学指导出版物体系。

本书由宋航主编，承强和樊君副主编。四川大学、西北大学、郑州大学、西南大学、重庆大学的20余位作者（李子成、兰先秋、马丽芳、姚舜、田永强、李永红、张义文、胡国勤、李雯、黄强、侯长军、兰作平、胡昌华、李延芳、罗有福、黄洁、周堃、李稳宏、邹祥、薛伟明、郝红、郎淑霞）参加了本书的编写。本书在编写中引用了一些文献，在此谨向著作权者表示诚挚的感谢。

编　者

2009年10月于成都

目　录

1 绪　论

1.1 实验一般规则

为保证实验教学顺利进行，学生应养成良好的实验室工作作风，要求学生遵守以下实验规则。

① 备齐实验记录本及与实验有关的其他用品。

② 课前必须认真预习，写好预习报告，参照预习报告进行实验操作。教师认真检查每个学生的预习情况。

③ 实验开始前应先检查仪器是否完好无损、装置是否正确稳妥。

④ 在实验过程中及时、认真记录，实验结束后要经教师审阅、签字。

⑤ 爱护仪器、节约药品，取完药品要盖好瓶盖，仪器损坏及时报损。仪器的使用必须严格按照操作规程进行，防止仪器损坏。实验中出现错误或故障必须报告教师，做恰当处理。

⑥ 遵守课堂纪律；不得旷课、迟到，实验室内要保持安静，不许喧哗、不许擅自离开岗位。

⑦ 保持实验室整洁。自始至终保持桌面、地面、水池清洁，书包、衣物及与实验无关物品应放在指定地点。公用仪器、药品、试剂用完要放回原处。

⑧ 不得将实验所用仪器、药品随意带出实验室。

⑨ 实验完毕，值日生要做好清洁卫生工作，检查实验室安全，关好门、窗和水、电、气。

⑩ 对实验数据进行认真分析和处理，填写实验报告，按时递交。

1.2 实验室安全

在制药工程实验中，经常使用各种化学药品和仪器设备，以及水、电、带压气体，还会经常遇到高温、低温、高压、真空的实验条件和仪器，若缺乏必要的安全防护知识，会造成生命和财产的巨大损失。

1.2.1 实验室基本设施的使用注意事项

近年来，各高校纷纷加强了实验室建设，教学实验室的基本条件得到了显著改善。但由于实验设施用材的变化，必须对这些新材料的使用性能有一个基本认识，以便保证实验室的长期安全运行。

(1) 排水系统　原有的铸铁排水管件已由国家明令禁止使用，目前主要采用的是硬质聚氯乙烯（PVC）管件，其耐温等级只有80℃左右，且长期接触极性溶剂后会产生开裂破坏。因此，实验室的液体排放必须做到：温度低于80℃，有机溶剂必须集中回收处理。

（2）实验台面　目前用量较大的耐腐蚀理化板（实验台面）通常是基于玻璃纤维布增强的酚醛树脂层压板，其实际耐热等级只有140℃左右，远低于以前使用的水泥台面。因此，禁止将电炉等较高温度物体直接置于耐腐蚀理化板上使用，以免造成台面难以修复的损伤。

考虑到生命周期内的总成本，选用陶瓷台面是合理的，可以获得更好的耐热、耐水等级，易于清洁，且有多种色泽可以选择。

1.2.2 化学品的正确使用

各类化学品是生物医药等实验中必不可少的材料，然而，在经常使用的化学品中，包含有大量对人体有毒有害或易燃易爆的试剂。这些潜在的“杀手”却往往不为初学者知晓，如若使用不当，很可能危害自己或他人的生命财产安全。

（1）危险化学品分类介绍

① 有毒化学品。经过毒理学确认的，经口、呼吸道或皮肤吸收能够进入机体，与机体发生有害的相互作用的一类化学试剂，统称为有毒化学品。

② 易燃易爆及腐蚀性化学品。易燃化学品：易燃化学品指燃点低，对热、撞击、摩擦敏感，易被外部火源点燃，燃烧迅速，并可能散发出有毒烟雾或有毒气体的试剂，但不包括列入爆炸品的物品。

易爆化学品：是指在外界作用下（如受热、受压、撞击等），能发生剧烈的化学反应，瞬时产生大量的气体和热量，使周围压力急骤上升发生爆炸，对周围环境造成破坏的物品。也包括无整体爆炸危险，但具有燃烧抛射及较小爆炸危险的物品。

腐蚀性化学品：本类化学品是指能灼伤人体组织并对金属等物品造成损坏的固体或液体，尤其是与皮肤接触在4h内出现可见坏死现象，或温度在55℃时对20号钢的表面均匀年腐蚀率超过6.25mm/年的固体或液体。其主要品类是酸类和碱类。

③ 易制毒易制爆化学品。易制毒化学品：是指国家规定管制的可用于制造毒品的前体、原料和化学助剂等物质。教学实验室可能存在的易制毒化学品包括：第二类易制毒化学品（醋酸酐、三氯甲烷、乙醚）；第三类易制毒化学品（丙酮、浓盐酸、浓硫酸、甲苯）。

易制爆化学品：是指其本身不属于爆炸品，但是可以用于制造爆炸品的原料或辅料的危险化学品。教学实验室可能存在的易制爆化学品包括：过氧化物、高氯酸及其盐类、氯酸盐、硝酸及其盐类、硝基化合物、金属钠等。

（2）危险化学品安全管理

① 化学品进出实验室实行登记制度。凡带入、带出实验室的化学品必须统一在管理人员处登记。进入实验室使用的化学品按普通化学药品、危险化学品（包括易燃易爆药品、强腐蚀性药品、精神类药品、放射性药品、剧毒类药品）以及化学废液分类后保存和处理。

② 危险化学品的管理。实验室管理人员应对危险化学品进行分类、确认，并在满足使用条件下，选择毒害性、危险性、易燃性较小的化学品。

危险化学品由实验室管理人员登记并存放到专用药品间统一管理，并实行严格的台账管理。

危险化学品进入实验室后由专人登记入库保存，发生危险化学品、易燃易爆物品丢失、被盗事故时，应当保护好现场，并在第一时间报警，实验室应积极配合公安机关进行调查、侦破。

已经变质、污染或失效的普通化学品应该按规定程序报废处理。

③ 危险化学品的采购。实验人员应根据实际需要申报购买危险化学品，只能从经过批准的合格供应商处按规定程序采购；无论何种情况，均不可擅自从不规范、未获认可的供应商处订购，更不得随意通过网络购买危险化学品。

订购方应要求供货方提供化学品物理化学性能方面的资料，如化学品性质、应急事故处理等信息，并及时告知危险化学品使用人员。

④ 危险化学品的储存。危险化学品在存放前应检查其包装是否完好、有无泄漏以及是否在有效期内。

危险化学品必须存放于专用的危险化学品区域，分类分区存放，做出明确的标识，并有一定的间隔；必须有专人保管（剧毒或易制毒易制爆化学品必须双人双锁保管），实验人员按照实际需求领用并登记。

危险化学品保管处要阴凉、通风、干燥，有防火、防盗设施。周围禁止吸烟和使用明火。危险化学品应按性质分类存放。

⑤ 危险化学品的使用。在使用每一种危险化学品前，应充分了解相关的理化性质及防护、急救措施，可以通过化学品安全技术说明书（material safety data sheet，MSDS）获取必要的信息。

操作时，应选择合适的实验地点（如通风橱）并配备专用的防护用品和用具，做好个人防护。

危险化学品用后的包装物（或容器）不得改作他用。危险化学品相关的废弃物必须加强管理，由学校回收处理，不得随同生活垃圾丢弃。

⑥ 易制毒易制爆化学品管制的特别说明。国家对易制毒易制爆及剧毒化学品的种类均有明确的标注，其收录品种也在不断变化，请及时查阅国家有关部门颁发的《易制毒化学品管理条例》《易制爆危险化学品名录》《剧毒化学品目录》等相关文件的最新版本。

1.2.3 安全用电

（1）人身安全防护　实验室常用电为频率50Hz、电压200V的交流电。人体通过1mA的交流电流便有发麻或针刺的感觉，10mA以上人体肌肉会强烈收缩，25mA以上则呼吸困难，就有生命危险；直流电对人体也有类似的危险。

为防止触电，应做到：

① 修理或安装电器时，应先切断电源；

② 使用电器时，手要干燥；

③ 电源裸露部分应有绝缘装置，电器外壳应接地线；

④ 不能用试电笔去试高压电；

⑤ 不应双手同时触及电器，防止触电时电流通过心脏；

⑥ 一旦有人触电，应首先切断电源，然后抢救。

（2）仪器设备的安全用电

① 一切仪器设备应按说明书连接适当的电源，需要接地的一定要接地；

② 若是直流电器设备，应注意电源的正负极，不要接错；

③ 若电源为三相交流，则应首选三相五线制接线，分别是三根火线（L_1，L_2，L_3），

一根零线（N），一根接地保护线（PE），这样万一漏电时可降低接触电压，接三相电动机时要注意正转方向是否符合，否则，要切断电源，对调相线；

④ 接线时应注意接头要牢，并根据电器的额定电流选用适当直径的连接导线；

⑤ 接好电路后应仔细检查无误后，方可通电使用；

⑥ 仪器发生故障时应及时切断电源。

1.2.4 使用高压容器的安全防护

实验常用到高压储气钢瓶和一般受压的玻璃仪器，使用不当会导致爆炸，需掌握有关常识和操作规程。

（1）气体钢瓶的识别（颜色相同的要看气体名称） 氧气瓶（天蓝色）；氢气瓶（深绿色）；氮气瓶（黑色）；纯氩气瓶（灰色）；氦气瓶（棕色）；压缩空气（黑色）；氨气瓶（黄色）；二氧化碳气瓶（黑色）。

（2）高压气瓶的安全使用

① 气瓶应专瓶专用，不能随意改装；

② 气瓶应存放在阴凉、干燥、远离热源的地方，易燃气体气瓶与明火距离不小于5m，氢气瓶最好隔离；

③ 气瓶搬运要轻要稳，必须使用专门装置安全固定；

④ 各种气压表一般不得混用；

⑤ 氧气瓶严禁油污，注意手、扳手或衣服上的油污；

⑥ 气瓶内气体不可用尽，以防倒灌；

⑦ 开启气门时应站在气压表的一侧，不准将头或身体对准气瓶总阀，以防万一阀门或气压表冲出伤人。

1.3 有效数字与数字修约

1.3.1 有效数字

（1）测量的有效数字 可靠数字＋可疑数字（一位）。

（2）有效数字的加、减法运算 各量相加（相减）后，其和（差）在小数点后所应保留的位数与各数中小数点后位数最少的一个相同。如 $4.178+21.3=25.478$，保留位数与21.3位数相同，结果为25.5。

（3）有效数字的乘、除法运算 各量相乘（除）后，其积（商）所保留的有效数字只需与各数中有效数字最少的一个相同。如 $4.178\times10.1=42.1978$，有效位数与10.1有效位数相同，结果为42.2。

（4）有效数字的乘方、开方运算 运算后结果的有效数字与其底的有效数字相同。如 $2.56^3=16.777216$，有效位数与2.56有效位数相同，结果为16.8；$2.56^{1/3}=1.37$。

（5）有效数字的取对数运算 运算后的尾数位数与真数位数相同。如 $\lg1.938=0.2973$；$\lg1938=3+\lg1.938=3.2973$。

（6）有效数字的指数函数运算 运算后的有效数字的位数与指数的小数点后的位数相同（包括紧接小数点后的零）。如 $10^{6.25}=1.8\times10^6$；$10^{0.0035}=1.008$。

（7）有效数字的三角函数运算 取位随角度有效数字而定。如 $\sin30°00'=0.5000$；

cos20°16′＝0.9381。

在运算过程中，为减少舍入误差，其他数值的修约（数字修约见1.3.2节）可以暂时多保留一位，等运算得到结果时，再根据有效位数的要求弃去多余的数字。

例 14.131×0.07654÷0.78＝？

本例是数值相乘除，在三个数值中，0.78的有效位数最少，仅为两位有效位数，因此各数值均应暂时保留三位有效位数进行运算，最后结果再修约为两位有效位数。

解：14.131×0.07654÷0.78

＝14.1×0.0765÷0.78

＝1.08÷0.78

＝1.38

修约后结果为1.4。

1.3.2 数字修约

数字修约是按照一定的规则确定一致的位数，然后舍去某些数字后面多余的尾数的过程。

实验数据的修约与进舍是不可避免的，但应严格按照中国国家标准《数值修约规则与极限数值的表示和判定》（GB/T 8170—2008）的有关规定执行。

过去习惯采用的“4舍5入”规则是“逢5必入”，会带来数据进舍的单向增加，从而过度积累误差。因此，目前测试数据通常采用“舍入”规则，测试数据的进舍的口诀是：4舍6入5看右，5后有数进上去，尾数为0向左看，左数奇进偶舍弃。

例如，将下列数字全部修约为四位有效数字。

甲：尾数＜5，1.11840000→1.118；

乙：尾数＞5，1.11860000→1.119；

丙：尾数＝5。

a. 5右面还有不为0的数：1.11859999→1.119；1.11850001→1.119；

b. 5右面尾数为0则凑偶：1.11750000→1.118；1.11850000→1.118。

必须指出，“4舍6入”数字修约规则不一定适用于境外，实验者必要时应该专门了解、规定研究工作的数字修约要求。

1.4 实验记录及报告格式

每次实验时，学生应按表1-1中所列各项撰写实验工作记录；如果实验指导教师认为有必要，可以另行增加栏目。

表1-1 实验工作记录项目

<table>
<tr><td rowspan="5">预习部分</td><td>实验名称与日期</td></tr>
<tr><td>实验简述(学习目标、反应路线等)</td></tr>
<tr><td>物性数据(包括本实验所需的计算表达式等)</td></tr>
<tr><td>实验操作流程示意</td></tr>
<tr><td>实验EHS风险分析与控制措施</td></tr>
</table>

续表

报告部分	设备与试剂(规格、型号、批号、生产厂家等)
	实验观察与数据记录
	结果讨论

在“实验简述”中，应该列出本实验相关的参考文献；本实验所涉及的所有反应路线均应列出。

在“物性数据”中，实验流程中涉及的所有组分的重要物性参数均应收集列表，它们包括化学结构、分子式、分子量、沸点、熔点、闪点、溶解性、折射率、使用物质的量(mol)、使用质量(g)等，物性数据应注明来源；本实验的限制性原料及其与计算理论产率相关的数学表达式也应在此说明。

在“实验操作流程示意”中，实验开始前应使用流程图完成实验所有步骤的示意，包括实验中的分离纯化各步骤。

在“实验观察与数据记录”中，应详细记载实验过程中观察到的各种现象，包括获得产品的熔点/沸点、性状、色泽、数量、化学分析与仪器分析数据等。

在“结果讨论”中，应分析影响实验的各种因素，并指出导致产品损失的可能途径。

实验预习报告应包含“实验名称与日期”“实验简述”“物性数据”(或“理化数据”)和“实验操作流程示意”四部分内容；实验报告则应至少包含“实验观察与数据记录”和“结果讨论”两部分。采用这种模式，既能严格要求学生认真做好实验前的预习，也可减少传统预习报告与实验报告间的重复。

对于每一项实验，实验参加者必须依次进行如下内容。

① 认真阅读实验教材，在进行实验前完成“实验预习报告”，提交实验指导教师审阅同意后，方可进行实验。

② 在实验中，必须按“实验原始记录”的基本格式和内容认真观察和记录。实验原始记录一般以书写为主，必要时也可以辅以其他记录形式如记录纸、自动采集和储存信息的计算机或工作站等。

③ 实验完成后，在对实验数据认真分析的基础上给出实验结果，并在规定的时限内按“实验报告”的基本格式和内容提交实验报告。

实验预习及提交预习报告是实验规范的基本要求，与实验记录和实验报告三部分构成完整的内容。有关的各类报告和记录基本格式可参见如下。

实验预习报告

实验名称：____

专业名称：________________班级：__________学生姓名：__________学号：__________

计划实验日期：__________实验地点：________________预习报告完成日期：__________

一、学习目标要求

二、实验原理及基本知识点

(包括本实验所需的基本物性数据或理化数据、计算表达式、反应式等)

三、实验设备及原料

(包括计划的操作流程示意等)

四、实验 EHS 风险分析与控制措施

实验原始记录

实验名称：______________________________

班级：__________学生姓名：________学号：________指导教师：________

实验日期：________开始时间：________结束时间：________

实验地点：________________室温：________

一、设备与试剂

（应包括规格、型号、批号、生产厂家等）

二、实验流程

三、实验操作及记录

时　　间	操　　作	现象、数据及分析

实 验 报 告

实验名称： ____

班级：____________学生姓名：__________学号：__________实验日期：____________

实验地点：____

一、流程及操作

（包括实际实施的操作过程和步骤等）

二、结果分析或数据处理

三、结果讨论

四、思考题回答和实验中应注意事项

五、评价自己本次实验的表现

报告完成日期：　　　年　　月　　日

1.5 实验文献检索与辅助软件

1.5.1 实验室需要常备的工具书

(1) The Merk Index 该书为定期出版物，2013 年出版第 15 版，现由英国皇家化学会负责编撰。它收集了近 10000 种化合物（主要是有机化合物和药物）的性质、制法和用途。化合物按名称字母的顺序排列，冠有流水号，依次列出重要的化学文摘名称以及可供选用的化合物名称、药物编码、商品名、化学式、分子量、文献、结构式、物理数据、标题化合物的衍生物的普通名称和商品名。在“Organic Name Reactions”部分中，对在国外文献资料中以人名来称呼的反应做了简单的介绍。一般是用方程式来表明反应的原料和产物及主要反应条件，并指出最初发表论文的著作者和出处，同时将有关这个反应的综述性文献资料的出处一并列出，便于进一步查阅。此外，还专设一节谈到中毒的急救。书中以表格形式列出了许多化学工作者经常使用的有关数学、物理常数和数据、单位的换算等。卷末有分子式和主题索引。

(2) Lange's Handbook of Chemistry 本书于 1934 年出版第 1 版，目前 McGraw-Hill Company 已出版第 17 版。该书内容包括数学、综合数据和换算表、原子和分子结构、无机化学、分析化学、电化学、有机化学、光谱学、热力学性质、物理性质、其他共 11 章。该书的一大特点是详细地辑录了各学科的一些重要理论和公式。

该书已翻译为中文，名为《兰氏化学手册》。

(3) CRC Handbook of Chemistry and Physics 这是每个实验室应该必备的基本工具书，该书逐年修订，2018 年出版了第 99 版，但不同版本间变化不大。全书通常收录 1.5 万种有机化合物和 1000 余种无机化合物的基本数据。

(4) Perry's Chemical Engineers' Handbook 本书于 1934 年出版第 1 版，McGraw-Hill Company 于 2019 年出版第 9 版。本书定位于向工程师和学生提供权威性的参考资料，涉及化学工程各方面的最新工艺成就——从基础知识直至计算机的应用与控制。

(5) 化学试剂供应商的产品目录 主要的化学试剂产品目录包括 Aldrich、Sigma、Fluka 等公司产品手册，其中都收录了其产品的基本理化数据，如分子量、化学文摘服务社（chemical abstracts service，CAS）登录号、熔点、沸点、试剂规格和参考文献等。虽然相对于大型工具书而言产品目录比较简单，但可免费获取，比较方便，能够满足实验室的简单使用要求。

1.5.2 网络资源

(1) SciFinder Scholar SciFinder Scholar（http://www.cas-china.org）是美国化学会（ACS）旗下的化学文摘服务社所出版的《Chemical Abstract》化学文摘的在线版数据库学术版，除可查询每日更新的 CA 数据（回溯至 1907 年）外，更提供读者自行以图形结构式方式来检索。它是全世界最大、最全面的化学和科学信息数据库。

SciFinder Scholar 通常是各学校图书馆订购供本校师生使用的，采用 IP 地址控制访问。

美国化学文摘服务社自 2012 年 7 月 1 日起将其全面升级为 SciFinder Web 版，客户端方式全部停止使用。SciFinder Web 版初次使用结构式检索时，需要按提示安装相关控件。

(2) 药物在线（DrugFuture） 药物在线网站（http://www.drugfuture.com）包括药

物信息资讯、药物科学数据库、药物开发资源共享、专利信息检索下载等。其药物数据库提供了多国药典的条目全文，专利数据库提供了中国、美国、欧洲等专利全文，可方便快捷进行一站式下载。

(3) 化学加网　化学加网（http://www.huaxuejia.cn）是一个专业的精细化工医药产业资源供需及化学品百科数据库（数据收录量超过1.2亿条，为全球三大化合物数据库之一）。该数据库一直免费开放给国内化学工作者使用，更加方便地让一些习惯以中文作为主要交流语言的用户日常使用。

化学加网可以提供化学品的基本信息、制备方法与用途、理化性质、安全信息、红外光谱、毒性、MSDS、结构与计算数据等。

1.5.3 实验常用辅助软件

计算机作为一种学习和研究的工具有着不可替代的作用。它不仅能够帮助我们进行文字及图形处理等文书工作，而且可以在学习与研究的各个方面协助我们更快、更好地工作。实验常用辅助软件主要有化学结构式（包括化学反应方程式、化工流程图、简单的实验装置图等）绘制软件，如ChemOffice Professional 2018中的ChemDraw18、KnowItAll 2018中的ChemWindow、ChemSketch2018等。数据处理方面常用的通用型的软件有Origin V10、SigmaPlot14、MiniTab18和MATLAB 2019a等，可以根据需要对实验数据进行数学处理、统计分析、傅里叶变换、t-检验、线性及非线性拟合等；绘制二维及三维图形如散点图、条形图、折线图、饼图、面积图、曲面图、等高线图等。

（四川大学　宋航，承强编写）

2 实验室仪器的校准与检定

分析仪器、计量器材都必须进行校准或检定，以保证仪器的正常使用，同时延长使用寿命。

检定是指由法定计量部门或法定授权组织按照检定规程，通过实验，提供证明来确定测量器具的示值误差满足规定要求的活动。检定属于强制性的执法行为，属于法定计量管理的范畴。法定检定对象一般是《中华人民共和国强制检定的工作计量器具明细目录》范畴中的产品。

校准指校对机器、仪器等，使其准确。是在规定条件下，为确定测量仪器或测量系统所指示的量值或者实物量具或参考物质所代表的量值与对应的由标准所复现的量值之间关系的一组操作。校准可能包括以下步骤：检验、矫正、报告，或通过调整来消除被比较的测量装置在准确度方面的任何偏差。

校准不具有强制性，属于组织自愿的溯源行为。可根据组织的实际需要，评定计量器具的示值误差，为计量器具或标准物质定值。组织可以根据实际需要规定校准规范或校准方法，自行规定校准周期、校准标识和记录等。

实验室仪器、器材的定期校准与检定是保证分析实验质量的基础工作之一。《药品生产质量管理规范》（2010 年版）在第五章设备中“第五节校准”对仪器、设备的校准提出了系统要求。

校准工作是一项技术性较强的工作，操作要正确，故对实验室有下列要求：

① 天平的称量误差应小于量器允许误差的 1/10。

② 温度计要求分度值为 0.1℃。

③ 室内温度变化不超过 1℃/h，室温最好控制在（20±5)℃。若对校准的精确度要求很高，可引用《实验室玻璃仪器　玻璃量器的容量校准和使用方法》（GB/T 12810—91）中的校正公式。

④《中国药典》（2015 年版）在“凡例”中规定，若是称取 0.1g，精密度（称量值分布范围）为末位数字的正负 0.4 个单位；其余称样量的精密度均为末位数字的正负 0.5 个单位。

2.1 玻璃计量器具的校准与检定

2.1.1 学习目标

• 掌握容量瓶、移液管的容量校准及使用方法；

• 了解玻璃计量器具校准及检定的相关行业及国家标准。

2.1.2 实验原理

根据国家及行业相关标准，为确保日常分析检测所用的玻璃计量器具的准确性，需定期对其外观、密合性及容量示值准确性等进行校准与检定，其中容量示值的准确性对后续的分析检测具有重要影响。因此，在分析工作开始之前，尤其是对准确度要求较高的分析检测之前，必须对所用计量器具进行容量校准，达到相关法规要求后才能使用，避免因计量器具自身误差而造成分析数据无效及由此产生的“数据完整性”错误。

常用的玻璃计量器具的容量校准方法有两种：一种是衡量法，另一种是容量比较法。其中以衡量法为仲裁检定的方法，即根据待检玻璃量器在特定温度下所量出或量入的纯水的质量与其体积之间的关系进行容量校准（通常以20℃为标准温度）；而在标准温度下，由量入或量出的纯水质量转换为量器的容量时，需综合考虑温度对玻璃计量器具的体积膨胀和压缩系数的影响及对水密度的影响，以及在空气中称重时空气浮力对水和所用器具的影响，因此需要按特定公式进行换算。具体的换算公式及相关的各种修正系数等可参考《常用玻璃量器检定规程》（JJG 196—2006）和《实验室玻璃仪器 玻璃量器的容量校准和使用方法》（GB/T 12810—91）等相关国家标准。

2.1.3 仪器与试剂

仪器：分析天平（200g/0.001g），精密温度计（精度0.1℃），具塞锥形瓶（50mL），玻璃容量瓶，玻璃移液管。

试剂：乙醇（95%），纯水（蒸馏水或去离子水），清洁剂。

2.1.4 实验内容

（1）实验场所的准备 选定合适的实验场所，确保室温在（20±5）℃，且室温波动不得大于1℃/h；确保实验所需所有仪器试剂均处于同一室温下，水温与室温之差不得大于2℃。

（2）外观及密合性等的检查 按现行国家相关标准，对待校准的玻璃计量器具的外观、结构及密合性等进行检查。对于外观及结构有缺陷或是密合性有问题导致无法正常使用或使用容易引起误差的玻璃计量器具应做好标记并及时处理。

（3）待校准计量器具的清洗及准备 用毛刷刷洗等机械方法或是加入清洗剂等方法对外观及密合性检查合格的容量瓶、移液管进行清洗。然后用水冲洗干净，直至器壁上没有挂水等现象，液面与器壁接触处形成正常弯月面。再用乙醇（95%）清洗，在不高于60℃的烘箱中烘干。

干净的待校准玻璃计量器具（量入式玻璃器具需进行干燥处理）及校准所需的仪器试剂需至少提前4h放入恒温实验室内［(20±5)℃］，确保其温度与室温尽可能接近，且温度波动满足实验内容中（1）的要求。

（4）容量瓶的衡量法校准 将洗净、干燥、带塞的容量瓶准确称重（准确至0.01g即可），注入蒸馏水至水的弯月面底部与容量瓶颈上的标线相切（视线平视）。用滤纸吸干瓶颈内水滴，盖上瓶塞，准确称重，两次称重之差即为容量瓶内容纳的水的质量。将温度计插入到被检容量瓶中，测得纯水温度。在不考虑空气浮力的影响及温度对玻璃容器的体积膨胀和压缩系数影响的情况下，用称量得到的纯水质量除以实验温度时1mL纯水的质量，即可算出容量瓶的实际容量（即20℃时的真实容积）。若对校准的精确度要求较高，可引用JJG 196—2006和GB/T 12810—91中的容量计算公式并查阅相关参数进行计算。常用容量瓶的规格见表2-1。

表2-1 常用容量瓶的规格

标称容量/mL		10	25	50	100	200	250	500	1000
容量允差/mL	A	±0.020	±0.03	±0.05	±0.10	±0.15	±0.15	±0.25	±0.40
	B	±0.040	±0.06	±0.10	±0.20	±0.30	±0.30	±0.50	±0.80

(5) 单标线移液管的衡量法校准　取一个 50mL 洗净晾干的具塞锥形瓶，在分析天平上称重。用 20mL 移液管，吸取纯水（盛在烧杯中）至标线以上 5～10mm，用滤纸擦干管下端的外壁，将流液口接触烧杯壁（移液管垂直，烧杯倾斜约 30°）。调节液面使其最低点与标线上边缘相切。常用移液管的规格见表 2-2。

然后将移液管移至具塞锥形瓶内，使流液口接触磨口以下的内壁（勿接触磨口），使水沿壁流下，待液面静止后，再等 15s。在放水及等待过程中，移液管要始终保持垂直，流液口一直接触瓶壁，但不可接触瓶内的水，具塞锥形瓶保持倾斜。

放完水随即盖上瓶塞，称重。两次称得的质量之差即为释出纯水的质量。重复操作一次，两次释出纯水的质量之差应小于 0.01g。将温度计插入 5～10min，测量水温（不同温度下纯水的密度见表 2-3），读数时不可将温度计下端提出水面。计算方法同上。

表 2-2　常用移液管的规格

标称容量/mL		2	5	10	20	25	50	100
容量允差/mL	A	±0.010	±0.015	±0.020	±0.030		±0.05	±0.08
	B	±0.020	±0.030	±0.040	±0.060		±0.10	±0.16
水的流出时间/s	A	7～12	15～25	20～30	25～35		30～40	35～40
	B	5～12	10～25	15～30	20～35		25～40	30～40

表 2-3　不同温度下纯水的密度

温度/℃	密度/(g/mL)	温度/℃	密度/(g/mL)	温度/℃	密度/(g/mL)
10	0.999699	17	0.998772	24	0.997293
11	0.999604	18	0.998593	25	0.997041
12	0.999496	19	0.998402	26	0.996780
13	0.999376	20	0.998201	27	0.996510
14	0.999243	21	0.997989	28	0.996230
15	0.999098	22	0.997767	29	0.995941
16	0.998941	23	0.997535	30	0.995644

(6) 重复校准至少一次　凡使用需要量器容量实际值的检定，其检定次数至少 2 次，2 次检定数据的差值应不超过被检玻璃容量允许误差的 1/4，并取 2 次的平均值。

2.1.5　结果与讨论

(1) 记录校准实验条件及相关数据，查阅相关标准计算出玻璃计量器具的实际容量值。

(2) 参照国家及行业标准，判断所校准的量器是否符合相应等级要求。

思　考　题

1. 不同类型的玻璃计量器具进行校准前，是否均需预先干燥？为什么？
2. 简要分析影响玻璃计量器具校准结果准确性的原因及其改进方法。

2.2 移液器的校准与检定

2.2.1 学习目标

- 掌握移液器的容量校准及使用方法；
- 了解计量器具校准及检定的相关行业及国家标准。

2.2.2 实验原理

移液器的工作是利用空气置换原理来实现的。活塞通过弹簧的伸缩运动来实现吸液与排液。设定好量程后，推动活塞，排出部分空气，利用活塞拉力及大气压吸入液体，再由活塞推力排出液体。

影响移液准确性和精确性的因素主要有以下三点。

（1）吸头

① 吸头的质量。吸头的做工和材质，可影响吸头内壁的液体残留和移液准确性。

② 吸头与移液器的匹配度。吸头与移液器的匹配度影响吸头与移液器之间的气密性，因此选择适配的吸头与移液器非常重要。推荐使用同一厂家的移液器与吸头，以保证其匹配度。

（2）移液器　移液器通过空气置换原理进行移液，其密封性、弹簧的弹性形变是影响移液的关键因素。因此平时使用移液器时，必须要正确操作、定期维护，才能保证移液器的精确。

因移液器内弹簧长期处于压缩状态，对于弹性形变会造成影响，从而导致移液结果不准，因此每天实验结束后，移液器应调回最大量程后再放置于移液器支架上。

（3）操作者　最关键的其实就是操作者本身。养成正确的操作规范，可提高移液的准确性、有效控制移液产生的误差，保证实验结果。

移液器是标准的检测、测量和计量设备。实验室中的操作者每天都使用移液器进行大量的移液工作，移液器长期使用会导致弹簧变形，进而产生误差。因此，移液器必须做定期检测，而且在定期检测之外还要求进行快速检查。

使用较为普遍的是活塞移液器，其校准的基本原理就是将移液器吸入的液体在天平上进行称量，根据液体的重量和密度计算出体积，与移液器的标定容量进行比较。通常进行移液器校准依据的标准为ISO 8655和《移液器检定规程》(JJG 646—2006)。

2.2.3 仪器与试剂

仪器：分析天平（200g/0.001g），精密温度计（精度0.1℃），10mL玻璃烧杯，移液器。

试剂：纯水（蒸馏水或去离子水）。

2.2.4 实验内容

（1）校正前准备

① 准备好待校正的移液器，相应规格的吸头，一个干净干燥的10mL玻璃烧杯（存放于干燥器中），一杯新制备的纯水（纯水至少在校正室内放置1h以上以达到室温），校正记录表（可先按编号先后顺序填写好待校正移液器的编号、拟校正的刻度值及允许值等

已知内容)。

② 校正时室温要求 (20±5)℃，且室温变化不得大于1℃/h；校正用水及所需的仪器提前放入恒温实验室内，以使其温度尽可能接近室温。

③ 分析天平的精度要与待校正移液器的精度相符，先把分析天平预热半小时以上，调节好待用。

(2) 校正

① 将干净干燥的10mL玻璃烧杯先称重，去皮(重)，待天平显示为“0.0000”或“0.00000”。

② 根据移液器不同量程，选择1～2个校正值，将移液器调至拟校准刻度，选择合适的吸头安装好。

③ 来回吸吹纯水3次，以使吸头湿润，用滤纸拭干吸头。

④ 垂直握住移液器，将吸头浸入纯水液面2～3mm处，缓慢(1～3s)一致地吸取纯水。将吸头离开液面，靠在管壁，用滤纸去掉吸头外部的液体。

⑤ 移液器以45°角靠着10mL玻璃烧杯壁，缓慢一致地将移液器压至第一档，等待1～3s，再压至第二档，使吸头里的液体完全排出，待天平显示稳定后，记录天平的显数，同时测量并记录此时烧杯中蒸馏水的温度。

⑥ 重复上述步骤称量6次，每次读数后清零，记录每次天平显数，每次测量误差不超过相应要求(详见表2-4常用移液器校正对照表)。

表2-4 常用移液器校正对照表

标称容量/μL	校准点/μL	容量允许误差±/%	测量重复性≤/%
10	1	12.0	6.0
	5	8.0	4.0
	10	8.0	4.0
100	10	8.0	4.0
	50	3.0	1.5
	100	2.0	1.0
1000	100	2.0	1.0
	500	1.0	0.5
	1000	1.0	0.5

(3) 结果判定

① 称量结果按校正时室温，查出相应的纯水密度，换算成体积值(μL)，与移液器所规定的容量允许误差相比较。若结果在允许值范围内，校正的移液器即为合格；反之移液器必须再进行调整和校验，如仍不合格，则按有关规定处理。若对校准的精确度要求较高，即考虑空气浮力的影响及温度对被检移液器的体积膨胀和压缩系数的影响，可引用JJG 646—2006中的容量计算公式进行计算。

② 已校准好的移液器应贴上校正合格证。

(4) 校正周期 根据使用频度，建议本科教学实验用移液器应每学期校准一次。若实验教学使用频繁，则应在实验操作前进行校正，以保证移液器加样准确。

2.2.5 结果与讨论

记录校准条件及称量数据，并根据国家标准进行计算，评估其是否合格。

思 考 题

简要说明移液器的日常使用注意事项。

2.3 筛网的校准与检定

2.3.1 学习目标

- 掌握筛（标准筛）的筛孔尺寸的校准方法；
- 了解常用分样筛的相关技术要求和校准标准。

2.3.2 实验原理

标准筛是制剂研发中常见的基础工具，常见的标准筛多采用金属丝编织而成，网孔符合《试验筛 技术要求和检验 第1部分：金属丝编织网试验筛》（GB/T 6003.1—2012），等同国际标准 ISO 3310，其网孔基本尺寸为 0.02～125mm，筛网材质为黄铜、不锈钢。金属丝编织标准筛因其构造，网孔容易变形，需要定期校准以确保使用合格的标准筛。

本实验采用显微图像分析法进行金属编织标准筛的校准。

2.3.3 仪器与耗材

体视显微镜，C1 型镜台测微尺，60 分样筛，蓝色标记笔。

2.3.4 实验内容

（1）分样筛外观检查 分样筛丝网不应出现明显的编织缺陷、折痕、破损及筛网松弛现象，选择外观无破损、网孔均匀的分样筛进行试验。

（2）分样筛网标记 为确保测试一致性，应确保每个筛网取点位置相同，均以分样筛连接处为经线正方向（如无连接处则事先指定一处为经线正方向），将事先做好的标记有 5 个取样点位置的参照板依照经线正方向用蓝色标记笔进行标记，以 Y 轴正方向上的标记点为 1 号，依次沿顺时针方向分别标记 2 号、3 号、4 号，圆心处为 5 号，如图 2-1 所示。

（3）显微成像 将标记好的筛网及 C1 型镜台测微尺放置在体视显微镜下，C1 型镜台测微尺反面放置在第一个取样点处，确定好图像参数，调节放大倍数及焦距，直至电脑上获得筛网及测微尺都清晰的画面（图 2-2），保存图像，命名；依照上述方法依次获得其余取样点及其他筛网的真实图像，保存并命名。

（4）图像分析 通过 Image pro plus 6.0 图像分析软件进行筛网孔径的测定。由于体视显微镜成像视野的局限性，标准中规定的连续 10 个网孔无法实现，但通过软件的图像处理可获得较为精准的孔径尺寸，对于平均尺寸的获得更为简便准确，故可通过分析图片中出现的所有完整筛孔进行尺寸分析。

首先，依据图像中 C1 型镜台测微尺进行校准，校准以像素为单位来确定距离，确定 0.1mm 对应的像素进行校准。随后依次选择要测量的完整网孔，通过灰度标出网孔方形轮

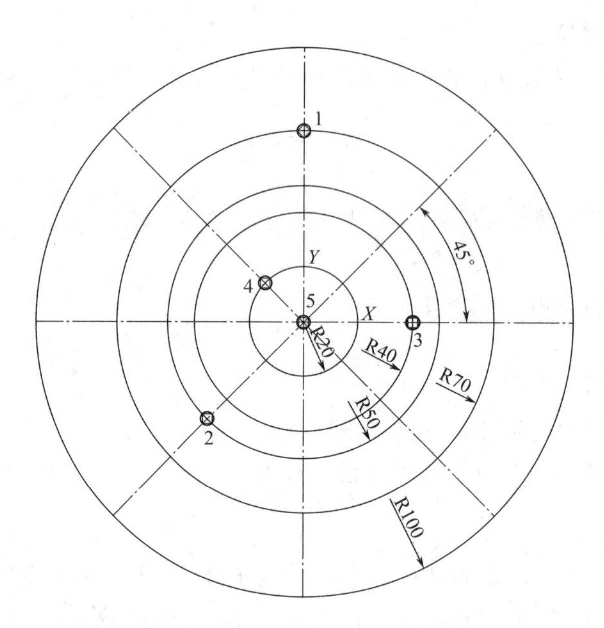

图 2-1 分样筛检定取样点位置

注：筛网直径为 200mm，分别以 R=70mm、50mm、40mm、20mm 为半径做圆，取 5 个取样点分散在筛网上，圆圈为取样位置

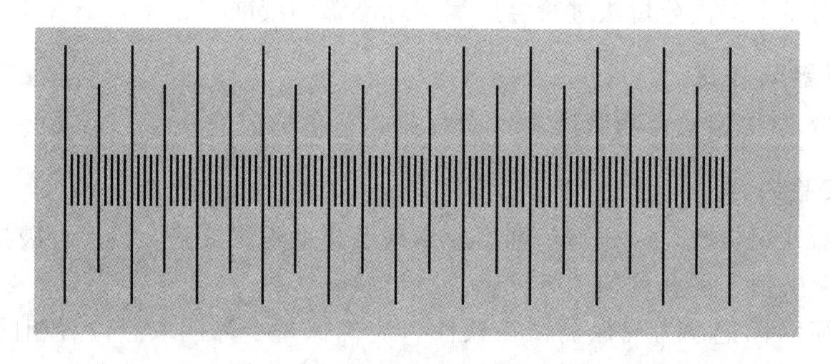

图 2-2 C1 型镜台测微尺参照图（每小格为 0.01mm）

廓线，之后电脑自动测量孔径经线及纬线方向上的距离（或网孔最短距离），数据保存（图 2-3、图 2-4），依次测量其他取样点孔径尺寸，整理，计算平均尺寸。

（5）筛网网孔的评估　根据 GB/T 6003.1—2012 中试验筛的标准为评估标准，部分网孔尺寸及偏差要求如表 2-5 所示，其余筛网尺寸及其偏差要求也可查询 GB/T 6003.1—2012。

表 2-5　部分网孔尺寸及偏差要求　　单位：μm

网孔目数	网孔基本尺寸 ω	最大尺寸偏差 $+X$	平均尺寸偏差 $\pm Y$	最大标准偏差 σ_0
60	300	65	12	25.4
80	200	50	8.3	19.4
100	150	43	6.6	15.6
120	0.125	38	5.8	14.4

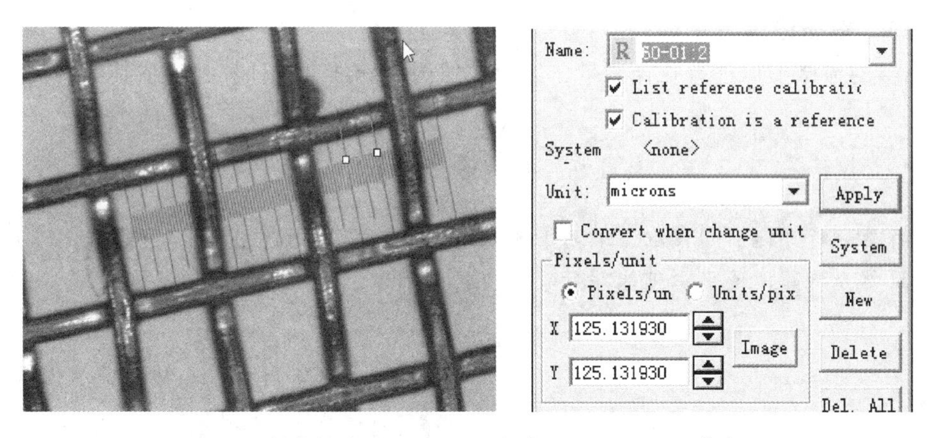

图 2-3 软件校准图（1micron 相当于 125.131930 像素）

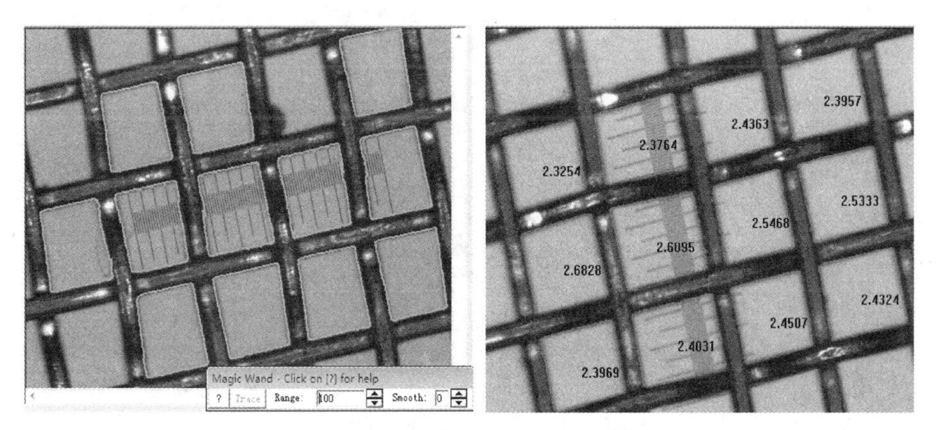

图 2-4 软件筛网轮廓及最小网孔尺寸标定

（6）技术要求

① 网孔尺寸超出基本尺寸不得大于 X

$$X=\frac{2\omega^{0.75}}{3}+4\omega^{0.25} \tag{2-1}$$

② 网孔平均尺寸对基本尺寸的偏差范围不得超过 $\pm Y$

$$Y=\frac{\omega^{0.98}}{27}+1.6 \tag{2-2}$$

③ 在经线、纬线方向上的最大网孔尺寸的标准偏差范围不得超过 σ_0。

a. 通过所有试验筛网孔 N，获得标准偏差 σ，按下式计算

$$\sigma=\sqrt{\frac{1}{N}\sum_{i=1}^{N}(\omega_i-\omega)^2} \tag{2-3}$$

b. 通过对网孔数 n 的测量得到标准偏差 σ，按下式计算

$$\sigma=K\sqrt{\frac{1}{n-1}\sum_{i=1}^{n}(\omega_i-\overline{\omega})^2} \tag{2-4}$$

其中

$$K=1.2+\frac{3.0}{\sqrt{2n}}$$

2.3.5 数据记录与评价

对拍摄的显微图像进行孔径测量，然后按照国家标准进行计算并评估其筛网网孔是否达到要求。

思 考 题

1. 简要分析可能引起校准结果不准确的原因及可采取的改进方法。
2. 简要分析筛网使用中可能导致孔径变化的因素。

（四川大学　魏竭，承强编写）

3　普通化学药物合成

3.1　对乙酰氨基酚的合成

3.1.1　学习目标

- 了解乙酰化反应的机理；
- 掌握其产品的分离方法；
- 掌握其产品的精制方法。

3.1.2　实验原理

对乙酰氨基酚（扑热息痛）是目前临床上常用的一种比较安全的退热药，因其起效快、作用强，对胃肠道刺激小，不会引起胃出血，很少会引起粒细胞缺乏症、过敏性皮炎等，而被世界卫生组织推荐为 2 个月以上婴儿和儿童高热时首选的退热药。合成对乙酰氨基酚的反应方程式为

$$H_2N-C_6H_4-OH \longrightarrow CH_3CONH-C_6H_4-OH$$

3.1.3　试剂与仪器

试剂：对氨基苯酚，冰醋酸，醋酸酐，活性炭。

仪器：搅拌器，可控电炉，水循环式真空泵，抽滤瓶，三口烧瓶，冷凝器，滴液漏斗，显微熔点测定仪等。

3.1.4　实验步骤

① 在装有冷凝器、搅拌器、滴液漏斗和温度计的 100mL 的三口烧瓶中加入 5g 对氨基苯酚、6g 醋酸酐和 10g 冰醋酸搅拌升温至反应液回流，控制温度在 125℃保持 4h。

② 将反应液倒入烧杯中放在冰浴上冷却结晶，真空抽滤，滤饼用冷水洗涤至中性，继续抽滤得粗品。将粗品用适量的热水溶解后，调溶液的 pH 约为 6。

③ 将反应液加热至约 90℃，加活性炭 1～2g 脱色，搅拌大约 10min。热过滤，冷却结晶，抽滤，滤饼用少量水洗涤后抽干，得干燥的产品。其熔点为：168～170℃。计算收率。

3.1.5　实验结果与讨论

① 记录实验条件、过程，记录各试剂用量，计算各步收率。

② 记录产物形状、熔点范围。

思　考　题

1. 反应时为什么要控制分馏柱上端的温度在 90～100℃？
2. 根据理论计算，反应完成时应产生几毫升水？为什么实际收集的液体远多于理论量？

（郑州大学　黄强，胡国勤编写）

3.2 2-甲基苯并咪唑的合成

3.2.1 学习目标

- 掌握关环反应的工艺原理和相关实验操作；
- 掌握在线 pH 及紫外使用方法；
- 了解玻璃夹套反应釜上的基本操作过程及特点；
- 了解工业化操作特点，自动加料设备的使用。

3.2.2 实验原理

2-甲基苯并咪唑是一种重要的药物合成中间体和化工原料，可以通过邻苯二胺和乙酸来制备。将邻苯二胺与乙酸的混合物在盐酸催化下，95～100℃下加热回流 1～1.5h，冷却，用 10%氢氧化钠溶液调节 pH 至 9～10，将析出的固体滤出，用冷水洗涤得粗品。

$$C_6H_4(NH_2)_2 + CH_3COOH \xrightarrow{HCl} \text{2-methylbenzimidazole}$$

3.2.3 试剂与仪器

试剂：邻苯二胺，乙酸，氢氧化钠，盐酸等。

仪器：真空泵，三口烧瓶，恒压滴液漏斗，布氏漏斗，搅拌器，显微熔点测定仪，鼓风干燥箱。

3.2.4 实验步骤

在 20L 或 50L 玻璃夹套反应釜中，加入 1kg 邻苯二胺，4～5mol/L 盐酸 5L，一次性加入 950g 乙酸，逐步升温到 95～100℃，保温搅拌 1.5h。自然冷却 1.5h，将反应釜夹套中的油放加热恒温槽中，继续冷却到 45℃左右。补加 5L 水，通过活塞泵加入 10%NaOH 中和至微碱性（pH=9～10），冷却，过滤，用水洗涤至中性，离心得粗品。

将粗品用水重结晶，冷却，过滤，放入鼓风干燥箱中干燥至恒重，即得 2-甲基苯并咪唑。称重，计算收率。

3.2.5 结果与讨论

（1）记录实验条件、过程、各试剂用量。

（2）测定产物的熔点，计算产物的理论收率和实际产率。

思 考 题

1. 在反应过程中，不加盐酸情况会怎样？试提出合理的反应机理。
2. 在洗涤时，如果未洗涤干净，会造成收率增加还是减少，为什么？
3. 为什么要在反应结束后，补加水？
4. 最后调节 pH 时，过高或过低的 pH 值均使收率降低，请解释原因。

（四川大学 李子成编写）

3.3 乳酸正丁酯的催化合成

乳酸正丁酯具有无毒、溶解性好、不易挥发等特点，同时可生物降解，因此极具开发价值和应用前景，是理想的"绿色溶剂"。目前工业上多采用硫酸催化法合成，价格虽然低廉，但工艺存在问题。主要问题是：易使乳酸炭化、氧化甚至分解，影响产品精制和原料回收；严重腐蚀设备，增加固定资产投资和生产成本；"三废"处理麻烦，污染环境。

离子液体（ionic liquid，IL）又常称作室温离子液体（room temperature ionic liquid）是由特定阳离子和阴离子构成的在室温或近于室温下呈液态的物质。离子液体具有无味、无恶臭、无污染、不易燃、易与产物分离、易回收、可反复多次循环使用和使用方便等优点，是传统挥发性溶剂的理想替代品，它有效地避免了使用传统有机溶剂所造成的严重的环境、健康、安全以及设备腐蚀等问题，因此，本实验采用酸性咪唑类离子液体代替硫酸催化法合成乳酸正丁酯。

3.3.1 实验目的

- 了解酯化反应的基本特点；
- 掌握共沸脱水操作；
- 了解离子液体作为催化剂的优点；
- 培养原料循环使用的绿色化学意识。

3.3.2 实验原理

乳酸与正丁醇在离子液体硫酸氢甲基咪唑（[Hmim] HSO_4）的催化下酯化，反应所产生的水直接由过量的正丁醇共沸蒸馏带走。反应为

$$CH_3CH(OH)COOH + H_3C\text{-}CH_2CH_2CH_2\text{-}OH \xrightarrow{[Hmim]HSO_4} CH_3CH(OH)COOCH_2CH_2CH_2CH_3$$

3.3.3 试剂与仪器

试剂：乳酸，正丁醇，硫酸氢甲基咪唑，碳酸氢钠溶液。

仪器：100mL 三口烧瓶，球形冷凝管，分水器（可用恒压滴液漏斗代替），100mL 分液漏斗，克氏蒸馏头，蒸馏头磨口温度计，直形冷凝管，尾接管，水循环式真空泵。

3.3.4 实验步骤

① 按乳酸：正丁醇：硫酸氢甲基咪唑＝1：2：0.4（摩尔比）分别量取 10mL 乳酸、25mL 正丁醇和 9mL 硫酸氢甲基咪唑，加入到 100mL 三口烧瓶中，装上分水器和回流冷凝管，控制好温度加热回流 3h，同时从分水器中分出过多的水。

② 反应结束后，放出分水器中的水层和油层，快速蒸馏出反应液中的正丁醇，与油层混合，保存循环使用。

③ 再将反应液静置分层，取上层酯相先以蒸馏水洗涤，收集洗涤液以作后处理；再以饱和碳酸氢钠溶液洗涤，得到产品（纯度＞98％）。

④ 收集下层的离子液体催化剂，保存循环使用。

3.3.5 实验结果与讨论

① 记录实验条件、过程，计算收率。

② 记录产物形状、沸点范围，查阅其减压条件下的沸点。

思 考 题

1. 本实验中先后使用了两种冷凝管，简要阐述各自的用途。

2. 实验装置设计中可以选用恒压漏斗代替分水器，请说明这种替代的有利和不利之处，如何克服其不利之处？

3. 请查阅文献，指出可以用于酯化反应的催化剂类型及其代表。

4. 结合本实验，简要讲述使用离子液体作为催化剂的优点。

5. 本实验是否符合绿色化学要求？

（四川大学 宋航，张义文编写）

3.4 盐酸达克罗宁的合成

盐酸达克罗宁（dyclonine hydrochloride），化学名为1-(4-丁氧基苯)-3-(1-哌啶基)-1-丙酮盐酸盐，是瑞士Astrazeneca公司开发的氨基酮类局部麻醉药物，2002年在我国开始应用。本品为钠通道阻滞剂，具有表面麻醉作用强、对黏膜穿透力强、显效快、作用持久的优点，毒性较普鲁卡因低，制成1%软膏、乳膏和0.5%溶液，用于火伤、擦伤、痒症、虫咬伤等的镇痛止痒，以及喉镜、气管镜、膀胱镜等内窥镜检查前的准备。

3.4.1 学习目标

- 掌握*O*-烷基化反应、Mannich反应的原理；
- 了解相转移催化反应在有机合成中的应用；
- 掌握相转移催化反应和Mannich反应的操作。

3.4.2 实验原理

盐酸达克罗宁的合成，以对羟基苯乙酮为原料，经*O*-烷基化反应得到对正丁氧基苯乙酮，再经Mannich反应得到目标物盐酸达克罗宁。其合成路线为

HO—C₆H₄—COCH₃ $\xrightarrow[O\text{-烷基化反应}]{C_4H_9Br/K_2CO_3}$ C_4H_9O—C₆H₄—$COCH_3$

对羟基苯乙酮 → 对正丁氧基苯乙酮

$\xrightarrow[\text{Mannich 反应}]{(HCHO)_n,\ \text{哌啶}\cdot HCl}$ C_4H_9O—C₆H₄—$COCH_2CH_2$—N(哌啶基)·HCl

盐酸达克罗宁

3.4.3 试剂与仪器

试剂：对羟基苯乙酮，正溴丁烷，溴化四丁基铵，碳酸钾，多聚甲醛，盐酸哌啶，二氯甲烷，盐酸，乙醇，乙醚，无水硫酸钠。

仪器：三口烧瓶，磁力搅拌器，旋转蒸发仪，水循环式真空泵，标准磨口玻璃仪器。

3.4.4 实验步骤

① 三口烧瓶装上冷凝管、恒压漏斗，加入0.2g溴化四丁基铵、二氯甲烷和水各10mL，加热至40℃使之全部溶解；另将对羟基苯乙酮（4g，0.03mol）溶于碳酸钾（4g，0.03mol）

的 50mL 水溶液中，将正溴丁烷（4.92mL，0.046mol）溶于 40mL 二氯甲烷中。

② 在剧烈搅拌下将上述两种溶液同时滴入反应瓶中，反应控制在 40℃；加完后继续搅拌 2h。冷却，分出有机相，水相用 20mL 二氯甲烷提取。将分出的有机相和水洗的二氯甲烷合并，以无水硫酸钠 2g 干燥，过滤，用旋转蒸发仪减压蒸干溶剂，得到白色固体对正丁氧基苯乙酮 5.6g，收率约 97.2%，mp：37℃。

③ 三口烧瓶中依次加入对正丁氧基苯乙酮（4.8g，0.015mol）、多聚甲醛（0.9g，0.03mol）、盐酸哌啶（2.4g，0.02mol）、盐酸 0.2mL、乙醇 50mL，加热回流 3h。

④ 反应液中加入水 30mL，用 20mL 乙醚萃取，乙醚相可通过蒸馏回收。

⑤ 水相加热至 60℃搅拌至澄清，然后在 20～30min 内冷却至室温；将析出的晶体过滤，再经乙醇-水（1∶9）30mL 重结晶，过滤、干燥，得到白色晶体盐酸达克罗宁 3.6g，收率 73.6%，mp：172～176℃。

3.4.5 注意事项

① *O*-烷基化反应采用相转移催化反应操作，由于是多相体系，搅拌均匀是反应能顺利进行的关键因素，该反应需要在剧烈搅拌下进行才能获得高的收率。

② 通常情况下，Mannich 反应需要带水剂将水从反应体系中除去，以促使反应向生成产物的方向移动，经过对反应条件的反复探索，盐酸达克罗宁的制备采用乙醇回流的方法，不必采用分水装置，可以较高收率得到产物，反应操作简便。

③ 盐酸达克罗宁重结晶的过程，注意应让析出的晶体放置陈化 2h，便于过滤。

④ 甲醛（HCHO）化学性质活泼，反应能力强，可以和正丁氧基苯乙酮、盐酸哌啶反应生成盐酸达克罗宁等重要药物及中间体。多聚甲醛［$(HCHO)_n$］是甲醛水溶液经脱水缩聚形成的产物，其又可分为低聚合度多聚甲醛（聚合度 n 为 2～8）和高聚合度多聚甲醛（聚合度 n 为 8～100）两种类型。多聚甲醛是固体粉末，便于存储和运输，广泛应用于制药等化学合成及其他工业领域，是工业甲醛的理想替代品。但多聚甲醛本身无化学活性，只有将多聚甲醛解聚成为单体甲醛，才能用于反应。多聚甲醛的解聚可在酸性条件和碱性条件下进行，盐酸达克罗宁的制备在酸性条件下进行，可以使多聚甲醛顺利解聚。

3.4.6 实验结果与讨论

① 记录实验条件、过程、各试剂用量及产品的质量，测定各步反应产物的熔点。

② 记录反应的现象，并对反应现象进行解释。

③ 计算盐酸达克罗宁的理论产量和收率。

④ 选择实验影响因素，自行设计正交实验方案。

思考题

1. 影响相转移催化反应的因素有哪些？为什么采用剧烈搅拌的方式进行 *O*-烷基化反应？

2. Mannich 反应进行时，多聚甲醛有个解聚的过程，这个过程在酸性条件下可顺利进行，试解释反应的机理。

（郑州大学　李雯，胡国勤编写）

3.5 水溶性维生素 K_3 的合成

维生素 K（VK），又称凝血维生素和抗出血维生素，具有促进和调节肝脏合成凝血酶原的作用，保证血液正常凝固。维生素 K 是一类萘醌类衍生物，以多种形式存在。维生素 K_1 为黄色油状物，在植物中形成；维生素 K_2 为黄色晶体，由动物肠道微生物合成；维生素 K_3 为人工合成的黄色晶体。天然维生素 K 是脂溶性的，人工合成的可溶于水。3 种形式的维生素 K 在生物活性方面有差别，其相对活性为维生素 K_3 ∶维生素 K_1 ∶维生素 K_2 = 4∶2∶1。

3.5.1 学习目标

- 通过本实验掌握加成反应的实验原理和操作；
- 掌握实验中如何调节反应温度，如何合理使用氧化剂。

3.5.2 实验原理

2-甲基萘 $\xrightarrow{H_2SO_4,\ Na_2Cr_2O_7}$ 2-甲基-1,4-萘醌 $\xrightarrow{NaHSO_3,\ CH_3CH_2OH}$ 维生素 K_3（CH_3，SO_3Na）

3.5.3 试剂与仪器

试剂：甲基萘，亚硫酸氢钠，$Na_2Cr_2O_7$，H_2SO_4，丙酮，95%乙醇。

仪器：电动搅拌器，可控电炉，三口烧瓶，冷凝管，温度计，水循环式真空泵，抽滤瓶，布氏漏斗，数字熔点测定仪等。

3.5.4 实验步骤

① 在装有电动搅拌器、温度计和冷凝管的 250mL 三口烧瓶中，加入 12g 甲基萘和 25mL 丙酮使之溶解，然后将 50g 重铬酸钠溶于 75mL 水中与 60mL 硫酸混合后在 30℃以下滴加，滴加完毕后，在 40℃下反应 40min 后升温到 60℃反应 1.5h 后，随即倒入 400mL 水中，使甲萘醌完全析出，抽滤、水洗、抽干。

② 在 150mL 的三口烧瓶加入 10mL 水和 6.5g 亚硫酸氢钠，搅拌使之溶解，再加入湿品甲萘醌在 10～40℃之间搅拌使之混合均匀，加入 15mL 95%乙醇反应 50min，待完全反应完毕（取反应液少许滴入水中全部溶解）。再加入 15mL 95%乙醇继续反应 30min，冷至 10℃以下使其结晶析出，过滤。结晶用少许冷乙醇洗涤抽干，得维生素 K_3。熔点为 102～104℃（文献值为 105～107℃）。

3.5.5 实验结果与讨论

① 记录实验条件、过程、各试剂用量及产品的质量，测定原料和产物的熔点。

② 记录反应的现象，并对反应现象进行解释。

思 考 题

1. 氧化反应的氧化剂是什么类型的氧化剂?
2. 精制过程中为什么要加入少许亚硫酸氢钠?
3. 氧化反应有可能产生的副产品有哪些?写出反应式。

(郑州大学 胡国勤,黄强编写)

3.6 γ-苯基-γ-氧代-α-丁烯酸的合成

3.6.1 学习目标

- 掌握芳环酰基化的方法;
- 了解 Frield-Crafts 反应(傅-克酰化反应)的常规操作;
- 了解不同 Frield-Crafts 反应中催化剂的用量比例。

3.6.2 实验原理

γ-苯基-γ-氧代-α-丁烯酸是几个普利类抗高血压药物的重要中间体,其合成主要为苯与顺丁烯二酸酐在 $AlCl_3$ 催化剂的作用下进行傅-克酰化反应,具体反应式为

苯 + 顺丁烯二酸酐 $\xrightarrow[C_6H_6]{AlCl_3}$ $C_6H_5COCH=CHCOOH$

3.6.3 试剂与仪器

试剂:干燥苯,粉末状无水三氯化铝,顺丁烯二酸酐,2mol/L 盐酸等。

仪器:三口烧瓶,回流冷凝管,恒压滴液漏斗,布氏漏斗,真空泵,温度计,搅拌器,熔点测定仪等。

3.6.4 实验步骤

① 在干燥 500mL 三口烧瓶中加入 100mL 干燥苯,安装上回流冷凝管和恒压滴液漏斗,在冷凝管顶端安装上干燥管并与尾气吸收瓶相接,冷却于冰盐浴中。

② 分数次从侧口加入 21g(0.157mol)$AlCl_3$,保持温度不超过 0℃,避免反应太过剧烈造成苯溢出。然后缓慢滴入 10g(0.1mol)顺丁烯二酸酐,使温度不超过 5℃,约 30min 内滴完。撤去冰盐浴,使温度缓慢上升至室温,然后用水浴加热逐步将反应温度提高到 90~100℃,搅拌反应 1h。

③ 冷却至室温,然后冷却于冰浴中,往反应瓶中缓慢滴加 30mL 水,滴加速度应保持反应不致太剧烈。加完后,搅拌 30min,往反应瓶中加入 100mL 2mol/L 盐酸,快速搅拌 15min,冷却,抽滤。滤饼先用 2mol/L 盐酸洗涤,再用水洗至 pH 试纸呈中性,真空干燥,得粗产物,约 16g。

④ 产物用苯重结晶,得纯品,其中反式异构体约占绝大多数(薄层色谱中顺式异构体的 R_f 值略大于反式异构体)。

3.6.5 注意事项

① 该反应是酸酐与苯之间的傅-克酰化反应，因此催化剂的用量至少应为酸酐的 1.5 倍（物质的量）。

② 加入催化剂 $AlCl_3$、顺丁烯二酸酐及反应完毕加水时滴加速度必须慢，否则放热太多，易造成苯或物料溢出。

3.6.6 实验结果与讨论

① 记录实验条件、过程和各试剂的用量。

② 反应完毕后，必须先加入水再加盐酸，而且盐酸的量必须使反应混合物的 pH 达到 1 以下，使所有的铝均以离子形式存在，加以除去。

③ 产物中的顺式异构体不用分离，从薄层色谱初步判断顺反异构体的比例。

④ 测定其熔点，并计算理论收率和实际产率。

思 考 题

1. 傅-克酰化反应有几种类型？每种类型反应中催化剂的用量如何？
2. 为什么在最后要加入 2mol/L 盐酸到反应体系中，其作用是什么？

参考值

γ-苯基-γ-氧代-α-丁烯酸的熔点为 61～63℃。

（四川大学 李子成编写）

3.7 苯乙醇酸的制备

3.7.1 学习目标

- 通过苯乙醇酸的合成进一步了解相转移催化反应；
- 进一步认识卡宾的形成和反应。

3.7.2 实验原理

苯乙醇酸，或扁桃酸、苦杏仁酸，是有机合成的中间体，也是口服治疗尿路感染的药物。它含有一个手性碳原子，化学方法合成得到的是外消旋体。用旋光性的碱如麻黄素可拆分为具有旋光性的组分。

扁桃酸传统上可用扁桃腈［$C_6H_5CH(OH)CN$］和 α,α-二氯苯乙酮（$C_6H_5COCHCl_2$）的水解来制备，但反应合成路线长、操作不便且安全性差。本实验采用相转移催化（PTC）反应，一步可得到产物，显示了 PTC 反应的优点。反应式为

$$C_6H_5CH{=}O + CHCl_3 \xrightarrow[TEBA]{NaOH} \xrightarrow{H^+} C_6H_5\overset{*}{C}H(OH)CO_2H$$

反应机理一般认为是反应中产生的二氯卡宾与苯甲醛的羰基加成，再经重排及水解生成扁桃酸，即

$$C_6H_5CH{=}O \xrightarrow{:CCl_2} C_6H_5\text{—}\underset{\text{Cl}\quad\text{Cl}}{\overset{H}{C}\text{—}O} \xrightarrow{\text{重排}} C_6H_5CH(Cl)COCl \xrightarrow{OH^-} \xrightarrow{OH^+} C_6H_5CH(OH)CO_2H$$

3.7.3 试剂与仪器

试剂：氯化苄，三乙胺，二氯乙烷，苯甲醛（新蒸），氯仿，氢氧化钠，乙酸乙酯，硫酸，二氯甲烷，无水硫酸钠，无水乙醇。

仪器：搅拌器，回流冷凝管，三口烧瓶，保干器，真空水泵，水浴装置等。

3.7.4 实验步骤

(1) 相转移催化剂三乙基苄基氯化铵（TEBA）的制备 在装有搅拌器和回流冷凝管的250mL三口烧瓶中，加入5.5mL氯化苄，7mL三乙胺和19mL二氯乙烷。回流搅拌1.5～2h。将反应液冷却，析出结晶，过滤，用少量的1,2-二氯乙烷洗涤两次，烘干后放保干器中存放（产品在空气中易潮解），质量10.00g。

(2) 扁桃酸的相转移合成 在50mL装有搅拌器、回流冷凝管和温度计的三口烧瓶中，加入3.0mL（3.15g，0.03mol）苯甲醛、0.3g TEBA和6mL氯仿。开动搅拌，水浴加热，待温度上升至50～60℃，自冷凝管上口慢慢滴加由5.7g氢氧化钠和5.7mL水配制的50%的氢氧化钠溶液。滴加过程中控制反应温度在60～65℃，约需45min加完。加完后，保持此温度继续搅拌1h。

将反应液用50mL水稀释，用20mL二氯甲烷分2次萃取残留的三氯甲烷（也可直接分出下部的残余三氯甲烷层），合并萃取液，倒入指定容器待回收。此时水层为亮黄色透明状，用50%硫酸调节pH为2～3后，再每次用10mL乙酸乙酯萃取2次，合并酸化后的乙酸乙酯萃取液，用等体积的水洗涤1次，有机层用无水硫酸钠干燥。在水浴上蒸去乙酸乙酯，并用真空水泵减压抽滤净残留的乙酸乙酯，得粗产物。

(3) 重结晶精制 将粗产物用水、乙醇进行重结晶，趁热过滤，母液温度先降至室温，再降温至10℃，静置，结晶慢慢析出。抽滤，并用少量石油醚（30～60℃）洗涤促使其快干。产品为白色结晶，mp为118～119℃。

思 考 题

1. 本实验中，加水稀释后的反应体系中水相、有机相各有什么？

2. 酸化后，溶液中的主要成分是什么？如果不加乙酸乙酯提取扁桃酸，可否直接通过浓缩水溶液得到粗产物？请依据有关物质在水中的溶解度进行讨论。

3. 本实验反应过程中为什么必须保持充分搅拌？

4. 本实验将苯、甲苯或甲苯-无水乙醇等常用溶剂体系换为水、乙醇用于产物的重结晶，请简要分析做此替换的原因。

（四川大学 承强编写）

3.8 4-氨基-1,2,4-三唑-5-酮的制备

3.8.1 学习目标

- 掌握三唑类化合物的制备方法；
- 了解三唑类药物的理化性质；
- 了解关环反应的制备方法。

3.8.2 实验原理

三唑类杀菌剂是杀菌剂发展史上最引人注目的一类新型杀菌剂，4-氨基-1,2,4-三唑-5-酮（ATO）是一种白色粉末状固体，熔点为187℃，具有含氮量高，结构致密等特点，它可用作杀菌剂及其中间体。也可以用作制备高能炸药的中间体。

1964年，Kroeger等首次提出利用碳酰肼关环制备4-氨基-1,2,4-三唑-5-酮（ATO）。美国科学工作者Odenthal等利用碳酰肼与结构不同的腈反应制得了带有不同取代基的三唑酮。反应方程式为

$$H_2N-NH-\underset{\underset{O}{\|}}{C}-NH-NH_2 + C_2H_5O-\overset{H}{\underset{OC_2H_5}{C}}-OC_2H_5 \longrightarrow \text{ATO} + 3C_2H_5OH$$

原甲酸三乙酯是一种原碳酸的衍生物，可利用原甲酸三乙酯使碳酰肼发生关环反应制备ATO，由于原甲酸三乙酯的中心碳原子受三个乙氧基的吸电子作用，使其带有部分正电荷，当受亲核试剂碳酰肼分子中带负电荷较多的端基氮原子进攻时，发生亲核取代反应。首先发生亲核加成，再发生消除反应，脱去一个乙醇分子，进而生成一种缩酮四面体中间体；然后，由羰基邻位氮原子进攻缩酮碳，又脱去一分子乙醇，同时成环，再脱去一分子乙醇，生成化合物ATO。

3.8.3 试剂与仪器

试剂：碳酰肼，原甲酸三乙酯，无水乙醇。

仪器：电子天平，磁力加热定时搅拌器，回流冷凝管，温度计，三口烧瓶，恒温水浴槽，真空过滤玻璃漏斗，水循环式真空泵，X-4数显显微熔点测定仪，电热鼓风干燥箱。

3.8.4 实验步骤

（1）ATO的合成　采用装有温度计、回流冷凝管和磁力加热定时搅拌器的三口烧瓶做反应瓶，称取精制过的碳酰肼9g，量取18mL原甲酸三乙酯和2mL蒸馏水一次加入反应器中。控制反应温度在65～85℃，保温回流反应2h。然后，改为蒸馏装置，蒸出反应体系中的副产物乙醇和水。反应时间到后，搅拌降温，冷却至室温过程中析出粉红色固体，出料，抽滤，烘干后备用。

（2）ATO的精制　先用少量的蒸馏水将ATO粗品溶解后，再加入2倍量的无水乙醇，加热至回流，趁热抽滤，冷却后得到白色细颗粒状晶体。

（3）ATO晶体熔点的测定　取少量的ATO晶体，干燥，然后按照X-4数显显微熔点测定仪的操作规程进行熔点的测定，多次测定，取平均值。

3.8.5 实验结果和计算

（1）熔点的测定　将ATO晶体的熔点测定值填入表3-1。

表3-1　ATO晶体的熔点测定值

项　目	第一次	第二次	第三次	平均值
熔点值/℃				

（2）ATO收率的计算　本次实验需要计算产品ATO的收率，根据其反应方程式，可

以按照如下的方程式进行计算

$$x\% = \frac{m_{\text{ATO}} \times M_{\text{碳酰肼}}}{m_{\text{碳酰肼}} \times M_{\text{ATO}}}$$

式中，M 为各个化合物的分子量；m 为各个化合物的质量。

3.8.6 注意事项

实验中反应温度最好控制在 76～78℃，反应时间应该控制在 3～3.5h 为宜。

思 考 题

1. 为什么在合成反应过程中原甲酸三乙酯的加入量过量 10%？
2. 在制备 ATO 时候，加入蒸馏水的目的是什么？
3. 反应过程中蒸出乙醇和水的目的是什么？

（西北大学 黄洁编写）

3.9 藜芦酸的制备工艺及过程监控

3.9.1 学习目标

- 掌握氧化反应的基本方法；
- 了解高锰酸钾氧化有机物的主要影响因素；
- 熟悉用薄层色谱方法监测反应进程的方法。

3.9.2 实验原理

高锰酸钾是有机合成中常用的强氧化剂。高锰酸钾在水中的溶解度不大，通常只能配成 10%重量比的水溶液；在有机溶剂中的溶解度一般很小，也不稳定（氧化有机溶剂），导致其在实际应用中受限，通常在异相溶液环境中进行反应。

高锰酸钾可在酸性、中性和碱性水溶液中进行反应；而叔丁醇、丙酮、醋酸和吡啶对高锰酸钾也稳定，可以作为中性、酸性和碱性有机反应溶剂。

通常认为芳香醛易与高锰酸钾发生氧化反应，但必须认识到：此类氧化反应的难易程度与 pH 值、芳环上取代基电子效应、芳香醛溶解特性等密切相关，需要针对某一反应进行细致的研究。

藜芦醛在碳酸氢钠水溶液中用高锰酸钾氧化，氧化的进程可利用薄层色谱方法进行监测，薄层色谱检测反应完全后，冷却、抽滤，滤液用盐酸酸化 pH 至 1～2，过滤析出的沉淀，干燥后即得藜芦酸。

以香兰醛为原料，在氢氧化钠水溶液中利用硫酸二甲酯为甲基化试剂对香兰醛的酚羟基进行甲基化可得到藜芦醛。鉴于硫酸二甲酯的较大毒性和较大用量，香兰醛甲基化制备藜芦醛不宜广泛开展。藜芦醛采用市售产品。

CHO / OCH_3 / OCH_3 $\xrightarrow[H_2O,80℃]{KMnO_4,NaHCO_3}$ COOH / OCH_3 / OCH_3

HO, Me-O, O, H $\xrightarrow[Me_2CO_3/K_2CO_3]{Me_2SO_4/KHCO_3}$ Me-O, Me-O, O, H $\xrightarrow{[O]}$ Me-O, Me-O, O, OH

3.9.3 试剂与仪器

试剂：藜芦醛，高锰酸钾，*N*,*N*-二甲基甲酰胺（DMF），乙醇，碳酸氢钠，丙酮，二氯甲烷，乙酸乙酯苯，颗粒活性炭，浓盐酸，硅胶 G_{254} 粉，0.8% CMC-Na，蒸馏水等。

仪器：电子秤，真空干燥箱，回流冷凝管，熔点测定仪，85-2 型恒温磁力搅拌器，电热套，20mm × 20mm 载玻片，25mm × 75mm 载玻片，0.9mm 玻璃毛细管，蒸发皿，100mL 锥形瓶，250mL 锥形瓶，250mL 三口烧瓶，250mL 圆底烧瓶，50mL 锥形瓶，紫外光灯，恒压漏斗，烧杯（50mL，100mL，250mL，500mL），量筒（10mL，25mL，250mL），色谱缸，939 全自动铺板机等。

3.9.4 实验步骤

（1）薄层板的铺制　在电子天平上称量 30g 薄层色谱硅胶 G_{254} 粉放入匀浆机内，加入 100mL 0.8%的 CMC-Na 溶液，搅拌 2～3min（直至液体中无气泡）。用玻璃棒蘸取少许液体，润湿 25mm×75mm 的载玻片，再取适量该液置于载玻片上，保证液面平整，平置，阴干 12h，放入温度为 108℃的真空干燥箱内活化 30min，取出后放入干燥器内，待用。

（2）藜芦醛的碱性氧化　用 250mL 三口烧瓶装入 20mL 水，加热至 70℃，安装回流冷凝管，分别称取 2.4g $NaHCO_3$ 和 2.4g 藜芦醛加入，继续加热至 80℃。取 2.1g $KMnO_4$ 溶于 250mL 水中，于恒压漏斗中缓慢滴加至烧瓶内，加热回流 1h，过滤，盐酸酸化（使 pH 为 1～2），抽滤，即得粗品。

（3）藜芦醛的中性氧化　用 250mL 三口烧瓶装入 20mL 水，加热至 70℃，称取 1.0g 藜芦醛加入此热水中，继续加热至 80℃。取 2.1g $KMnO_4$ 溶于 250mL 水中，于恒压漏斗中缓慢滴加至烧瓶内，加热回流 1h，过滤，盐酸酸化滤液（使 pH 为 1～2），抽滤。

（4）藜芦醛有机溶液的氧化　称取 1.5g 藜芦醛溶于装有 5mL DMF 的 50mL 锥形瓶中，取 2.5g 过量的高锰酸钾固体。将高锰酸钾缓缓加入藜芦醛溶液中（缓慢少量加入，以防止氧化反应剧烈而产生大量热，致使锥形瓶炸裂）。反应产生黏稠物后加入少量的水稀释。在反应不再放热后，加入 2mol/L 的 NaOH 溶液调节 pH 到 9～10。用布氏漏斗进行抽滤，所得滤液中加入 2mol/L 的盐酸调节 pH 为 1.5～2，析出白色沉淀，抽滤，洗涤，烘干，得到粗品藜芦酸。仿上，以叔丁醇为溶液，进行中性和碱性氧化。

（5）藜芦酸的重结晶　将粗品藜芦酸溶于 50mL 水和 10mL 乙醇的混合溶液中，加入活性炭以除去颜色和杂质。用电热套加热到 80℃，待所有产品均溶解后，在温度为 80℃的真空干燥箱中趁热常压过滤该溶液，得到澄清无色透明液体。冷却，放入冰箱静置 12h，得到白色絮状沉淀。过滤，烘干，称量，得一次重结晶产品，测熔点。

将上面所得产品用同样的方法进行二次重结晶，最后得到的是白色针状晶体，测熔点。要求二次重结晶产品的熔距在 3℃以内。

（6）藜芦醛的薄层色谱检测　将藜芦醛溶解于乙醇中，点样，以 CH_2Cl_2 ∶ AcOEt＝9∶1 的混合溶剂展开，吹干，在紫外光灯下观察。

（7）藜芦酸的薄层色谱检测　取 0.1g 藜芦酸溶于 5mL 乙醇，点样，以 C_6H_6 ∶ CH_2Cl_2＝3∶5 的混合溶剂展开，吹干，在紫外光灯下进行观察。

3.9.5 注意事项

① 热的高锰酸钾溶液有强腐蚀性，应防止反应过于剧烈而爆沸伤人。
② 反应后的玻璃仪器上会有褐色物质残留，可先用少许浓盐酸溶解后再正常清洗。
③ 反应后的锰化合物严禁倾入下水道，应回收于指定容器中。

3.9.6 实验结果与讨论

① 记录实验条件、过程，记录各试剂用量，计算各步收率。
② 记录产物形状、熔点范围。

思 考 题

1. 藜芦醛的高锰酸钾氧化反应中，除了受 pH 值的影响外，本实验还考察了什么影响因素？请简要说明。

2. 利用藜芦醛、藜芦酸的熔点不同，在加盐酸酸化滤液、冷却后得到的固体中，可否简便判断藜芦醛的氧化是否完全？

3. 藜芦醛和藜芦酸的薄层色谱展开条件有何不同，为什么？

4. 对于苯甲醛，可以通过过氧酸、康尼扎罗反应等制备苯甲酸，藜芦酸制备可以采用这些方法吗？请简要说明。

5. 请从绿色化学的角度简要说明本实验需要改进的内容。

（四川大学 承强编写）

3.10 盐酸小檗碱/羟丙基-β-环糊精包合物的制备及溶解性研究

3.10.1 学习目标

- 掌握环糊精包合物的制备及溶解性测定的基本操作；
- 理解环糊精包合物增加溶解性的基本原理。

3.10.2 实验原理

环糊精是通过 1,4-糖苷键依次连接 6～13 个 D-葡萄糖分子单元（图 3-1）组成的环状低聚糖。环糊精体现出“内疏水，外亲水”的特殊性质（图 3-2），同时其空腔又具有一定的大小，因此能够包合多种尺寸适宜的小分子（包括有机分子、无机分子、惰性气体等）。尤其是疏水的药物小分子，能够以合适的方式进入环糊精的疏水空腔内，从而有效地改善其理化性质。因此环糊精在药剂学工业中受到极大的重视，也表现出巨大的应用前景。

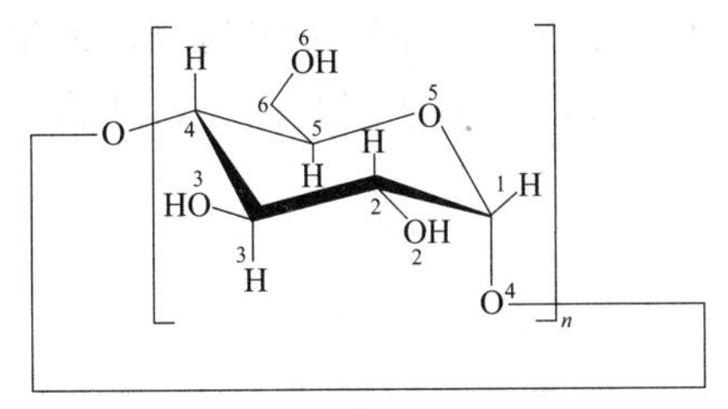

图 3-1 环糊精的葡萄糖单元结构

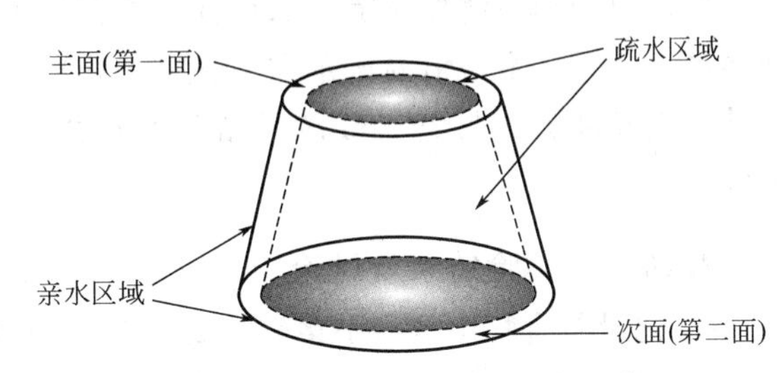

图 3-2 环糊精的亲水与疏水区域

环糊精包合物是指由小分子的部分或全部嵌入环糊精的截锥空腔中或网状结构所形成的一类结构独特的复合物，也被称为“分子胶囊”。其中环糊精是包合主体分子，嵌入环糊精空腔中的小分子为客体分子，主客体分子之间以非共价键（包括氢键、范德瓦耳斯力、疏水作用力、环糊精空腔高能水的释放等）的相互作用力缔合形成包合物。环糊精包合物的形成过程是一个物理过程，整个过程中没有化学键的断裂或形成，环糊精空腔的形状和大小也基本保持不变。环糊精包合物主要包括如下两种存在状态：一是客体分子部分或全部嵌入环糊精空腔；二是客体分子均匀分散于由环糊精形成的网状结构中。

环糊精空腔尺寸能与绝大部分药物分子相匹配，所形成的环糊精-药物包合物具有良好的稳定性且无毒副作用，能增加疏水性药物的溶解度，增加药物分子的稳定性，同时能掩盖药物本身具有的苦味、臭味或怪味，能够解决某些药物制剂的生产工艺问题。

本实验的客体分子为盐酸小檗碱，临床广泛用于治疗胃肠炎、细菌性痢疾、呼吸道感染等，主要剂型有盐酸小檗碱片剂和胶囊剂。尽管盐酸小檗碱具有良好的生物活性，但是其仍然存在水溶性差、具有苦味等缺点。因此，通过现代制剂技术，提升盐酸小檗碱溶解性，掩盖其苦味将有利于其临床应用。故本实验选择羟丙基-β-环糊精（HP-β-CD）作为包合主体，制备盐酸小檗碱的包合物，以提高其溶解性。

3.10.3 试剂与仪器

试剂：HP-β-CD，盐酸小檗碱，去离子水或蒸馏水，乙醇等。

仪器：量筒，100mL 容量瓶，锥形瓶（磁力转子），漏斗（滤纸）或 0.45μm 微孔滤膜，玻璃棒，磁力搅拌器，电子天平，超声波清洗仪，UV-200 紫外检测器，真空冷冻干燥机。

3.10.4 实验步骤

（1）包合物制备

① 准确称取 2.0g HP-β-CD，置于锥形瓶中，并用 30～40mL 去离子水溶解，于 50℃ 条件下搅拌，使其充分溶解。

② 准确称取与 HP-β-CD 等物质的量的盐酸小檗碱，并用适量热水溶解。

③ 搅拌下，将盐酸小檗碱溶液缓慢滴加到 HP-β-CD 溶液中，50℃ 下搅拌 2～3h，停止加热，继续搅拌至室温。用滤纸或 0.45μm 微孔滤膜过滤，将所得滤液进行冷冻干燥。24h 后获得盐酸小檗碱包合物，置于干燥器中保存，备用。

（2）包合物中盐酸小檗碱浓度测定　精密称量包合物 100mg 置于 100mL 容量瓶中，用去离子水溶解、定容。经适当稀释，采用紫外分光光度法，在 263nm 波长测定吸光度，代入盐酸小檗碱定量标准曲线方程，计算盐酸小檗碱浓度。

（3）包合物溶解性测定　取包合物适量置于容量瓶中，加 10mL 去离子水溶解，配制饱和溶液（并置于水浴恒温振荡器中振摇 48h）。吸取上清液，过滤，将滤液适当稀释，采用紫外分光光度法，在 263nm 波长测定吸光度，代入盐酸小檗碱定量标准曲线方程，计算溶解度。

3.10.5 实验结果与讨论

① 记录包合物中盐酸小檗碱浓度、包合物溶解度等。

② 讨论包合前后，盐酸小檗碱溶解度的变化情况。

思 考 题

1. 制备包合物的关键因素有哪些？
2. 采用紫外分光光度法对包合物中盐酸小檗碱进行定量，有哪些注意事项？

（四川大学 唐培潇编写）

3.11 盐酸萘替酚的合成

3.11.1 学习目标

- 掌握甲醛的亲电取代反应；
- 掌握相转移催化反应操作；
- 掌握减压蒸馏操作和重结晶操作；
- 本品是第一个丙烯胺类抗真菌药物，具有广谱、低毒、水溶性好的特点，用于治疗皮肤、毛发、指甲、趾甲等处的真菌感染，将作为后继药剂实验的原料。

3.11.2 实验原理

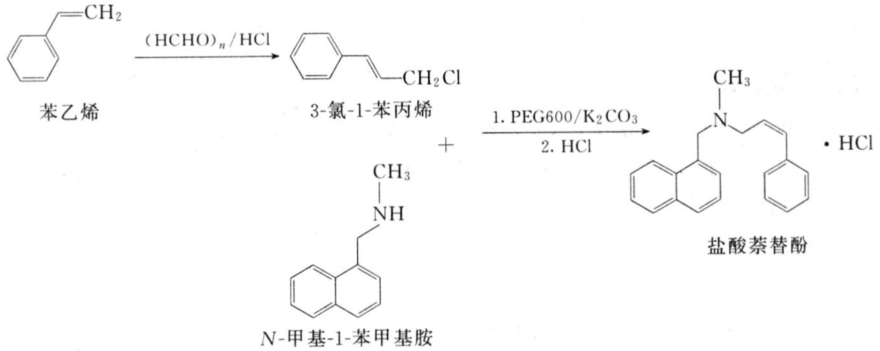

CH_2
$(HCHO)_n/HCl$
CH_2Cl
苯乙烯
3-氯-1-苯丙烯
1. $PEG600/K_2CO_3$
2. HCl
+
CH_3
NH
N-甲基-1-苯甲基胺
CH_3
N
· HCl
盐酸萘替酚

3.11.3 试剂与仪器

试剂：*N*-甲基-1-萘甲基胺，多聚甲醛，浓盐酸，苯乙烯，乙腈，正己烷，碳酸钾，PEG600，无水氯化钙，异丙醇。

仪器：玻璃回流反应系统，减压过滤漏斗，真空泵，熔点测定仪。

3.11.4 实验步骤

（1）3-氯-1-苯丙烯的制备　在250mL平底圆形单口烧瓶中，装回流冷凝管，加入浓盐酸10mL、多聚甲醛8g（折合甲醛8g，0.27mol），搅拌下加入苯乙烯17g（0.17mol），加热回流3h。反应完毕，静置分层，取上层反应液用冰水洗至中性。无水氯化钙干燥，冷冻后结晶。

室温下为液体，可减压蒸馏，收集123～126℃/(1kPa)馏分。

（2）盐酸萘替酚制备　取3-氯-1-苯丙烯10g（0.066mol）、*N*-甲基-1-萘甲基胺12g（0.07mol）、乙腈100mL、K_2CO_3 10.5g（0.076mol）、PEG600 6g（0.01mol），加热搅拌回流3h，冷至室温，加水75mL，正己烷50mL，搅拌，分层。取有机层，水层用正己烷萃取，合并有机层，水洗。有机层中加入碎冰，加浓盐酸15mL，搅拌半小时，静置，分出油状物，用玻璃棒摩擦油状物使其固化，过滤，水洗，干燥，得粗品。

粗品用异丙醇-正己烷重结晶，得精制品（文献值 mp：174.5～176.5℃）。

3.11.5 实验结果与讨论

① 记录实验条件、过程，记录各试剂用量，计算各步收率。

② 记录产物形状、熔点范围。

思 考 题

1. 苯乙烯在实际应用中常添加对苯二酚，请问对苯二酚的作用是什么？开始反应前如何将对苯二酚有效去除？

2. 本实验中使用的相转移催化剂是什么？

（四川大学 承强编写）

3.12 盐酸二甲双胍的合成

3.12.1 学习目标

- 了解加成反应操作基本知识；
- 了解盐酸二甲双胍合成的基本知识；
- 掌握玻璃夹套反应釜的基本操作。

3.12.2 实验原理

盐酸二甲双胍（metformin hydrochloride）是治疗非胰岛素依赖糖尿病的一线药物，现有研究更发现其具有多种潜在活性。盐酸二甲双胍的合成路线为

$$(CH_3)_2NH\cdot HCl + N\equiv C-NH-C(=NH)NH_2 \longrightarrow (CH_3)_2N-C(=NH)-NH-C(=NH)NH_2\cdot HCl$$

盐酸二甲胺　　双氰胺　　盐酸二甲双胍

盐酸二甲双胍为白色结晶性粉末；无臭。本品在水中易溶，在甲醇中溶解，在乙醇中微溶，在氯仿或乙醚中不溶；熔点为 220～225℃。

盐酸二甲双胍工业化生产质量控制的要点是产品中双氰胺的含量低于 0.02%，三聚氰胺低于 0.1%。

3.12.3 试剂与仪器

试剂：盐酸二甲胺，双氰胺，异戊醇，磷酸二氢铵，乙醇，活性炭。

仪器：2L 玻璃夹套反应釜，恒温循环油浴，电子天平，真空过滤玻璃漏斗，循环水真空泵，电热真空干燥箱，高效液相色谱仪，磺酸基阳离子交换键合硅胶柱，紫外检测器，回流冷凝装置等。

3.12.4 实验步骤

(1) 向 2L 玻璃夹套反应釜中加入 500mL 异戊醇、74g 双氰胺（1mol）、90g 盐酸二甲胺（1.1mol），安装回流冷凝管，开启搅拌。

(2) 以 10℃/min 的速度将反应升温到 110℃，然后改用 3～5℃/min 的速度升温到异戊醇开始回流。双氰胺的加成反应通常在 120℃ 以上发生，且放热量较大，故应控制加热强

度，确保平稳回流。

（3）持续反应，因盐酸二甲双胍的极性强，在常见的有机溶剂中溶解度较低，反应生成的盐酸二甲双胍会在加热的溶液中直接析出。

（4）反应降温至40℃以下，从反应釜底阀出料，减压过滤，用少量乙醇洗涤滤饼，得到盐酸二甲双胍粗品。异戊醇回收，经处理后待用。

（5）称取盐酸二甲双胍粗品，以三倍于粗品质量的纯水为溶剂，加热到70℃，确保盐酸二甲双胍基本溶解，然后加入活性炭脱色，升温至70℃并保温20min，压滤，滤液冷却至室温，析晶，过滤，结晶体70℃以下真空干燥，得到盐酸二甲双胍成品。

（6）盐酸二甲双胍及其双氰胺杂质含量分析，可以使用高效液相色谱仪（HPLC），选用磺酸基阳离子交换键合硅胶柱，3.4%磷酸二氢铵溶液（用磷酸调pH值至2.5）为流动相，使用紫外检测器，检测波长分别为233nm和218nm。试样采用流动相溶解。

3.12.5 注意事项

① 本实验反应时间较长，通常需要加热回流6h以上，且加成反应于120℃左右诱发后放热量较大，故需要仔细控制加热强度，防止暴沸冲料。

② 盐酸二甲双胍工业化生产中使用的加成反应溶剂还有DMF、环己醇等。结晶精制溶剂还有乙醇-水、甲醇等体系。

思 考 题

1. 请比较加成反应工序中使用DMF、环己醇、异戊醇为溶剂时各自的优缺点。
2. 加成反应如果进行工艺放大，其换热器设计应该注意什么？

（四川大学 承强编写）

3.13 磺胺嘧啶锌与磺胺嘧啶银的制备

3.13.1 学习目标

- 了解掌握磺胺类化合物的制备方法；
- 了解磺胺药物的两性特性。

3.13.2 实验原理

磺胺嘧啶银为应用于烧伤创面的磺胺药，对铜绿假单胞菌（绿脓杆菌）有强的抑制作用，其特点是保持了磺胺嘧啶与硝酸银两者的抗菌作用。除用于治疗烧伤创面感染和控制感染外，还可使创面干燥，结痂，促进愈合。但磺胺嘧啶银成本较高，且易氧化变质，故制成磺胺嘧啶锌，以代替磺胺嘧啶银。其化学名分别为2-(对氨基苯磺酰胺基）嘧啶银（SD-Ag）、2-(对氨基苯磺酰胺基）嘧啶锌（SD-Zn），化学结构式分别为

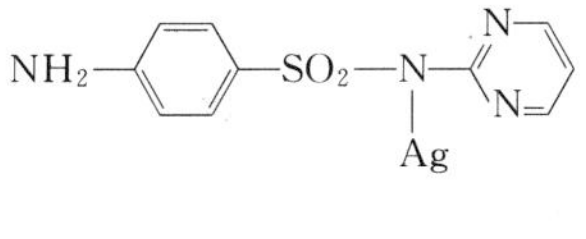

磺胺嘧啶银

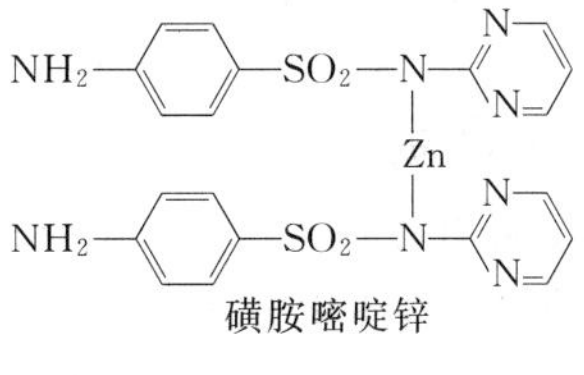

磺胺嘧啶锌

磺胺嘧啶银为白色或类白色结晶性粉末，遇光或遇热易变质；在水、乙醇、氯仿或乙醚中均不溶。磺胺嘧啶锌为白色或类白色粉末，在水、乙醇、氯仿或乙醚中均不溶。

合成路线为

NH_2—⟨苯环⟩—SO_2—N(H)—⟨嘧啶环⟩ + $NH_3 \cdot H_2O$ ⟶ NH_2—⟨苯环⟩—SO_2—N(NH_4)—⟨嘧啶环⟩ + H_2O

NH_2—⟨苯环⟩—SO_2—N(NH_4)—⟨嘧啶环⟩ —$AgNO_3$→ NH_2—⟨苯环⟩—SO_2—N(Ag)—⟨嘧啶环⟩

NH_2—⟨苯环⟩—SO_2—N(NH_4)—⟨嘧啶环⟩ —$ZnSO_4$→ [NH_2—⟨苯环⟩—SO_2—N—⟨嘧啶环⟩]$_2$Zn

3.13.3 试剂与仪器

试剂：磺胺嘧啶，浓氨水，硝酸银，硫酸锌，氯化钡溶液。

仪器：100mL 干燥锥形瓶，250mL 抽滤瓶，真空泵等。

3.13.4 实验步骤

（1）磺胺嘧啶银的制备　取磺胺嘧啶 5g，置 50mL 烧杯中，加入 10%（质量分数，下同）的氨水 20mL 溶解。再称取 $AgNO_3$ 3.4g 置 50mL 烧杯中，加入 1%的氨水 10mL 溶解，搅拌下，将 $AgNO_3$-氨水溶液倾入磺胺嘧啶-氨水溶液中，片刻析出白色沉淀，抽滤，用蒸馏水洗至无 Ag^+ 反应，得本品。干燥，计算收率。

（2）磺胺嘧啶锌的制备　取磺胺嘧啶 5g，置 100mL 烧杯中，加入稀氨水（4mL 浓氨水加入 25mL 水），如有不溶的磺胺嘧啶，再补加少量浓氨水（约 1mL）使磺胺嘧啶全溶。另称取硫酸锌 3g，溶于 25mL 水中，在搅拌下倾入上述磺胺嘧啶氨水溶液中，搅拌片刻析出沉淀，继续搅拌 5min，过滤，用蒸馏水洗至无硫酸根离子反应（用 0.1mol/L 氯化钡溶液检查），干燥，称重，计算收率。

3.13.5 注意事项

合成磺胺嘧啶银时，所有仪器均需用蒸馏水洗净。

思　考　题

1. SD-Ag 及 SD-Zn 的合成为什么都要先作成铵盐？
2. 比较 SD-Ag 及 SD-Zn 的合成及临床应用方面的优缺点。

（四川大学　承强编写）

3.14 牛磺酸的合成

3.14.1 学习目标

- 掌握酰胺的制备方法；
- 了解氨基的 *N*-烷基化方法，以及相转移催化剂在有机合成中的应用。

3.14.2 实验原理

牛磺酸（taurine），化学名为2-氨基乙磺酸，是一种非蛋白质氨基酸，是人体必需的重要氨基酸之一，也是名贵中药“牛黄”的重要成分之一。

牛磺酸主要分布于动物组织细胞内，鱼贝类中的含量尤为丰富，通常可从牛胆汁中分离。但是这些原料较分散、量少，远不能满足人们需要。牛磺酸的工业生产大部分是由2-氨基乙醇经如下两步磺化制备

$$H_2NCH_2CH_2OH + SO_3 \longrightarrow H_2NCH_2CH_2OSO_3H$$

$$H_2NCH_2CH_2OSO_3H + Na_2SO_3 \longrightarrow H_2NCH_2CH_2SO_3H + Na_2SO_4$$

3.14.3 试剂与仪器

试剂：乙醇胺，浓硫酸，甲苯，碳酸钠，无水乙醇，亚硫酸钠等。

仪器：玻璃回流反应装置，玻璃分水器，烧杯，量筒，玻璃棒，电炉，布氏漏斗，真空泵，恒压滴液漏斗，吸滤瓶，分液漏斗，显微熔点仪，电动搅拌器，低速离心机等。

3.14.4 实验步骤

（1）将0.25mol乙醇胺加入装有温度计、电动搅拌器、恒压滴液漏斗并处于冰浴环境的250mL三口烧瓶中，在剧烈搅拌下由滴液漏斗滴加0.275mol 98%的浓硫酸，保持瓶内溶液温度为10℃，直至硫酸滴加完毕。然后，撤去冰浴，往瓶中加入40mL甲苯，装上分水器，加热回流反应至无水分为止，蒸出甲苯，产物经乙醇洗涤、抽滤、干燥后，称重，产率为98%。测定产品熔点，文献值277～279℃（分解）。

（2）将0.1mol的2-氨基乙醇硫酸酯置于带有回流装置、电动搅拌器、温度计、滴液漏斗的250mL四口烧瓶中，加入20mL蒸馏水，用饱和Na_2CO_3溶液调节上述产物至中性，待用。将1.13mol的Na_2SO_3及250mL的H_2O盛装在圆底烧瓶中，加热，开动搅拌，从回流冷凝管上端分批加入酯化产物。回流反应30h。

（3）将牛磺酸等物质的混合溶液进行减压蒸馏，使牛磺酸在高温（92℃）下接近饱和状态，而溶液中的Na_2SO_4、Na_2SO_3呈晶体析出。趁热过滤，得滤液。滤液冷却至28℃，牛磺酸析出，过滤，得牛磺酸粗品。

（4）将粗品倒入小烧杯，加入适量浓HCl（每克牛磺酸约含6mL浓HCl），搅拌使牛磺酸全部溶解，然后抽滤。将滤液减压浓缩至底部有少许固体析出时，室温冷却，加入和所剩溶液体积相当的无水乙醇。烧杯封口后放入冰箱，结晶完全后抽滤，得白色结晶精品。测定产品熔点（文献值319～320℃）。

3.14.5 实验结果与讨论

① 记录实验条件、过程、各试剂用量及产品的质量（熔点）。

② 计算2-氨基乙醇硫酸酯和牛磺酸的理论产量和实际得率。

思 考 题

1. 本实验中如何抑制硫酸酯水解的副反应？

2. 在牛磺酸分离纯化过程中，也可以先沉淀除去硫酸盐和亚硫酸盐，再将牛磺酸与氯化钠进行分离。请依据氯化钠的溶解特性设计流程并简要解释。

（重庆大学　侯长军编写）

3.15 阿魏酸哌嗪盐和阿魏酸川芎嗪盐的合成

3.15.1 学习目标

- 了解药物拼合原理及其应用；
- 掌握中药有效成分的结构修饰原理；
- 掌握阿魏酸哌嗪、阿魏酸川芎嗪的制备原理及操作方法。

3.15.2 实验原理

阿魏酸是当归、川芎等传统活血化瘀中草药的主要有效成分之一，现已人工合成制备。药理学研究表明，其具有抑制血小板聚集、抑制5-羟色胺从血小板中释放、阻止静脉旁路血栓形成、抗动脉粥样硬化、抗氧化、增强免疫功能等作用。阿魏酸分子结构中含有羧基和酚羟基，具有较强的酸性。阿魏酸较难溶于冷水，可溶于热水、乙醇、乙酸乙酯，易溶于乙醚。为增加阿魏酸的溶解度，以便于注射给药，同时结合药物拼合原理，人们利用阿魏酸的酸性，将其与无机碱（如NaOH）、有机碱（如哌嗪、川芎嗪）等成盐，得到了阿魏酸钠、阿魏酸哌嗪、阿魏酸川芎嗪等盐类修饰物。

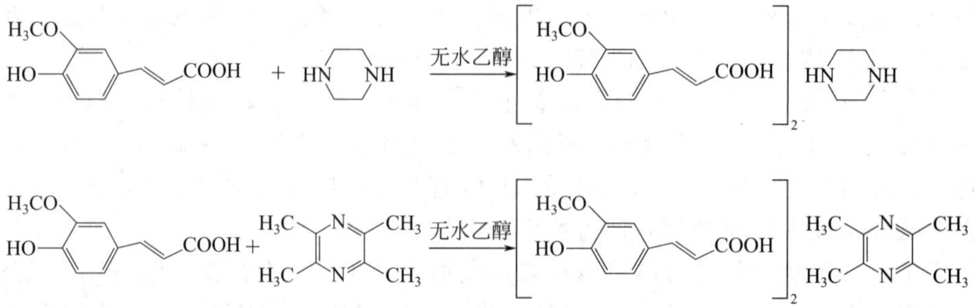

3.15.3 试剂与仪器

试剂：六水合哌嗪，川芎嗪，无水乙醇，阿魏酸，蒸馏水，活性炭。

仪器：磁力搅拌器，100mL圆底烧瓶，250mL烧杯，布氏漏斗，抽滤瓶。

3.15.4 实验步骤

（1）阿魏酸哌嗪盐的合成与精制　在圆底烧瓶中加入阿魏酸（3.9g，0.02mol）、无水乙醇30mL，加热溶解。在烧杯中加入六水合哌嗪（1.94g，0.01mol），加乙醇10mL，加热溶解备用。在搅拌下将哌嗪乙醇溶液趁热加到阿魏酸乙醇溶液中，水浴温度控制在60℃左右，再搅拌1h，冷却，过滤，滤饼用无水乙醇洗涤。干燥约得4g阿魏酸哌嗪盐白色针状晶体，收率约为75%。mp 157～160℃。

（2）阿魏酸川芎嗪盐的合成与精制　在圆底烧瓶中加入阿魏酸（3.9g，0.02mol）、无水乙醇30mL，加热溶解。在烧杯中加入川芎嗪（1.36g，0.01mol），加乙醇7mL，加热溶解备用。在搅拌下将川芎嗪乙醇溶液趁热加到阿魏酸乙醇溶液中，水浴温度控制在60℃左右，再搅拌1h，冷却，过滤，滤饼用无水乙醇洗涤。用25%乙醇重结晶，干燥约得4g阿魏酸川芎嗪盐白色针状晶体。mp 168～170℃。

3.15.5 实验结果与讨论

① 记录实验条件、过程、各试剂用量及产品的质量（熔点）。

② 计算阿魏酸哌嗪盐、阿魏酸川芎嗪盐的理论产量和实际收率。

思 考 题

1. 增加难溶性药物的吸收，有哪些方法？
2. 阿魏酸哌嗪盐和阿魏酸川芎嗪盐的红外、核磁谱图有什么特征？

（四川大学 承强编写）

3.16 苯妥英钠的合成

3.16.1 学习目标

- 掌握乙内酰脲环合反应和操作；
- 掌握苯妥英钠化合物的制备方法；
- 掌握并理解其分离、精制等技术。

3.16.2 实验原理

苯妥英钠（大仑丁）为抗癫痫药，适于治疗癫痫大发作，也可用于治疗三叉神经痛，及某些类型的心律不齐。学名5,5-二苯基乙内酰脲钠，白色粉末，易溶于水，溶于乙醇，几乎不溶于乙醚、氯仿，在空气中渐渐吸收CO_2而析出苯妥英钠。

苯妥英钠的合成通常用二苯基乙二酮为原料，在碱性醇液中与脲缩合重排制得。苯妥英钠不溶于水，无色、味苦，mp：295～298℃。反应式为

NaOH

3.16.3 试剂与仪器

试剂：二苯基乙二酮，95%乙醇，尿素，氢氧化钠，盐酸等。

仪器：电动搅拌器，可控电炉，水循环式真空泵，抽滤瓶，三口烧瓶，冷凝器，漏斗等。

3.16.4 实验步骤

（1）在装有冷凝器、搅拌器、温度计的250mL三口烧瓶中加入3.5g二苯基乙二酮、15mL 95%乙醇，搅拌加热回流1.5h，使二苯基乙二酮固体渐渐溶解。

(2) 再加入 4g 溶于 12mL 水中的氢氧化钠溶液，1.2g 尿素搅拌加热回流 50min。

(3) 溶解后立即倒入 250mL 的水中，待冷却后滤去杂质，滤液冷却后滴入盐酸 (6mol/L) 析出固体。

(4) 用 100mL 水洗涤，抽滤、烘干得苯妥英钠粗品。计算收率。

(5) 在 30mL 乙醇中加入氢氧化钠 0.5g，搅拌得氢氧化钠乙醇溶液。

(6) 氢氧化钠乙醇加热至 60℃，加入 2.5g 苯妥英钠粗品，搅拌反应 1h。

(7) 冷却得固体，用 20mL 乙醇洗涤，抽滤、烘干得苯妥英钠固体，在 60℃以下真空干燥，得精制苯妥英钠。计算收率。

3.16.5 注意事项

在实验步骤 (5) 中，氢氧化钠应溶于无水乙醇。

思 考 题

1. 制备二苯基乙二酮时，为什么要控制反应温度使其逐渐升高?
2. 制备苯妥英钠为什么在碱性条件下进行?

(郑州大学 黄强，胡国勤编写)

3.17 琥珀酸氯丙那林的合成

3.17.1 学习目标

了解拼合原理在药物结构修饰中的应用。

3.17.2 实验原理

止喘药氯丙那林 (喘通) 为 $\beta 2$ 受体兴奋剂，对游离组织胺、乙酰胆碱等神经化学介质引起的支气管痉挛有良好的缓解作用，但能使一些患者出现心悸、手颤等症状。盐酸氯丙那林 (盐酸喘通) 体内代谢快，12h 即从尿排除 80%～90%。为了克服以上副作用并使药效缓和而持久，依据文献关于琥珀酸有平喘作用的报道，将盐酸氯丙那林制成琥珀酸氯丙那林 (琥珀酸喘通)。琥珀酸氯丙那林的化学名为 1-(邻氯苯基)-2-异丙氨基乙醇丁二酸盐，化学结构式为

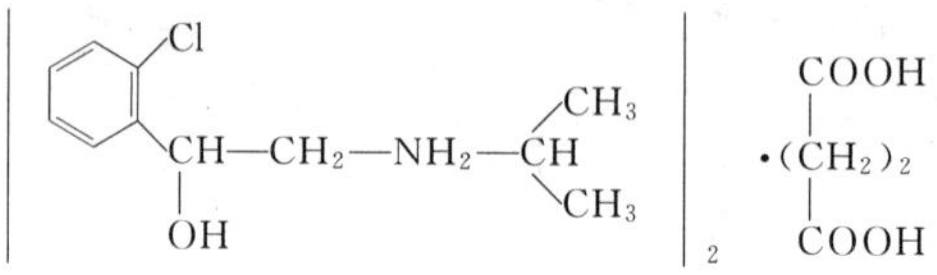

$$\left[\text{(2-Cl-C}_6\text{H}_4\text{)}-\underset{\text{OH}}{\text{CH}}-\text{CH}_2-\text{NH}_2-\text{CH(CH}_3\text{)}_2 \right]_2 \cdot \text{COOH}-(\text{CH}_2)_2-\text{COOH}$$

琥珀酸氯丙那林为无色透明的菱形结晶。无臭，味微苦。极易溶于水，易溶于乙醇，难溶于乙醚、丙酮。mp：171.5～173℃。

合成路线为

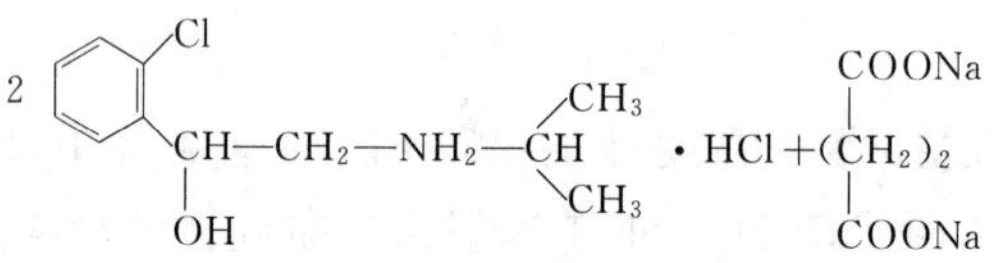

$$2\ \text{(2-Cl-C}_6\text{H}_4\text{)}-\underset{\text{OH}}{\text{CH}}-\text{CH}_2-\text{NH}_2-\text{CH(CH}_3\text{)}_2 \cdot \text{HCl} + \text{COONa}-(\text{CH}_2)_2-\text{COONa}$$

$$\longrightarrow \left[\text{(2-Cl)}C_6H_4-\underset{OH}{CH}-CH_2-NH_2-CH(CH_3)_2 \right]_2 \cdot \begin{matrix} COOH \\ | \\ (CH_2)_2 \\ | \\ COOH \end{matrix} + NaCl$$

3.17.3 试剂与仪器

试剂：盐酸氯丙那林，盐酸，琥珀酸钠，均为化学纯。

仪器：100mL 三口烧瓶，电热套，恒压滴液漏斗，磁力搅拌器，水循环式真空泵。

3.17.4 实验步骤

称取盐酸氯丙那林 4.5g，溶于 5～7mL 水中，置水浴中温热，制成饱和溶液。另称取琥珀酸钠 4.9g 溶于 5mL 水中，制成饱和溶液。然后，在不断搅拌下，将盐酸氯丙那林溶液加入琥珀酸钠溶液中，慢慢析出琥珀酸氯丙那林盐结晶，抽滤，结晶用 10mL 水分两次迅速洗涤，干燥，测熔点，计算收率。

3.17.5 实验结果与讨论

记录实验条件、过程，记录各试剂用量，计算各步收率。

思　考　题

琥珀酸氯丙那林结晶为什么要用水迅速洗涤？不洗是否可以？

（四川大学　承强编写）

3.18 贝诺酯的合成

3.18.1 学习目标

- 了解酯化反应的方法，掌握无水操作的技能；
- 掌握反应中产生有害气体的吸收方法。

3.18.2 实验原理

$$\text{(2-OCOCH}_3\text{)}C_6H_4COOH + SOCl_2 \longrightarrow \text{(2-OCOCH}_3\text{)}C_6H_4COOCl + HCl + SO_2$$

阿司匹林（乙酰水杨酸）　氯化亚砜　乙酰水杨酰氯

$$HO-C_6H_4-NHCOCH_3 \xrightarrow[H_2O]{NaOH} NaO-C_6H_4-NHCOCH_3$$

对乙酰氨基酚（扑热息痛）　对乙酰氨基酚钠

$$\text{(2-OCOCH}_3\text{)}C_6H_4COCl + NaO-C_6H_4-NHCOCH_3 \longrightarrow \text{(2-OCOCH}_3\text{)}C_6H_4COO-C_6H_4-NHCOCH_3 + NaCl$$

贝诺酯（苯乐来，扑炎痛）

3.18.3 试剂与仪器

试剂：氯化亚砜，NaOH，无水丙酮，吡啶，对乙酰氨基酚，阿司匹林。

仪器：电动搅拌器，可控电炉，水循环式真空泵（水泵），抽滤瓶，三口烧瓶，回流冷凝器，滴液漏斗等。

3.18.4 实验步骤

（1）在装有回流冷凝器（上端装有 $CaCl_2$ 干燥管、排气导管通入 NaOH 溶液吸收）、电动搅拌器、滴液漏斗和温度计的 100mL 的三口烧瓶中加入止爆剂、阿司匹林 9g、氯化亚砜 12mL、1 滴吡啶。

（2）在水浴上慢慢加热，约 50min 温度至 75℃，在此温度下保持 2～3h。

（3）反应完毕后改成减压蒸馏装置，用水泵减压，减压蒸出过量的氯化亚砜后注意观察，防止水泵压力变化引起水倒吸。

（4）若发现水吸进接收瓶，应立即将接收瓶取下，放入水槽中用大量水冲洗稀释［因为氯化亚砜见水分解，放出大量 HCl(g) 和 SO_2(g)］，冷却，得乙酰水杨酰氯，加入无水丙酮 6mL（用分析纯丙酮加入无水 $NaSO_4$ 干燥后即可），混匀密封备用。

（5）在另一套装置中，加入对乙酰氨基酚 8.6g，水 50mL，在搅拌下于 10～15℃缓缓加入 NaOH 溶液 18mL（NaOH 3.3g 加水至 18mL），降温至 8～12℃，慢慢滴加上述自制的乙酰水杨酰氯无水丙酮溶液，约 20min 滴完。

（6）调 pH 值至 9～10，在 20～25℃搅拌 1.5～2h，反应结束。抽滤，用水洗至中性，烘干，得粗品。

（7）将粗品用 95%乙醇（粗品∶95%乙醇＝1∶8）精制，得精品 5～7g，mp：174～178℃，计算收率。

思 考 题

1. 乙酰水杨酰氯的制备，操作上应注意哪些事项？

2. 贝诺酯的制备，为什么采用先制备对乙酰氨基酚钠，再与乙酰水杨酰氯进行酯化，而不直接酯化？

3. 在由羧酸（阿司匹林）和氯化亚砜反应制备酰氯时，为什么要加少量吡啶？吡啶量过多会对实验有什么影响？

4. 制备酰氯有哪些方法？

（郑州大学 胡国勤，黄强编写）

3.19 (±)-α-苯乙胺的合成

3.19.1 学习目标

- 掌握由洛伊卡特反应（Leuckart reaction）制备（±）-α-苯乙胺的原理及实验方法；
- 掌握蒸馏和水蒸气蒸馏的操作技术。

3.19.2 实验原理

醛或酮与氨反应形成 α-氨基醇，α-氨基醇继而脱水成亚胺，亚胺经催化加氢转变为胺，这是由羰基化合物合成胺的一种重要方法。

如果用甲酸作还原剂来替代 H_2/Ni，那么这个还原氨化过程就被称作洛伊卡特反应。

在洛伊卡特反应条件下，甲酸与氨作用，生成甲酸铵。因此，该反应中也可直接使用甲酸铵。在洛伊卡特反应中，甲酸或甲酸根离子（$HCOO^-$）起还原作用，氢原子以强还原性氢负离子（H^-）的形式转移至亚胺

$$R_2C{=}NH + HCOOH \longrightarrow R_2C{=}NH_2^+ + HCOO^- \xrightarrow{H^-\text{转移}} R_2CH{-}NH_2$$

如果参与反应的羰基分子具有前手性面，在洛伊卡特反应中，由于氢负离子可以从亚胺分子的任一侧导入，故得到的还原产物是外消旋体。在洛伊卡特反应中，以醛酮作原料分别与氨、伯胺或仲胺反应可以得到相应的伯、仲、叔胺。洛伊卡特反应通用性较强，可以用来处理多数脂肪酮、脂环酮、脂肪-芳香酮、杂环酮等，尤其是芳香酮及高沸点芳香酮更为适用。

(±)-*α*-苯乙胺的合成反应原理为

$$C_6H_5COCH_3 + 2HCOONH_4 \longrightarrow C_6H_5CH(NHCHO)CH_3 + 2H_2O + CO_2 + NH_3$$

$$C_6H_5CH(NHCHO)CH_3 + H_2O + HCl \longrightarrow C_6H_5CH(NH_3^+Cl^-)CH_3 + HCOOH$$

$$C_6H_5CH(NH_3^+Cl^-)CH_3 + NaOH \longrightarrow C_6H_5CH(NH_2)CH_3 + H_2O + NaCl$$

3.19.3 试剂与仪器

试剂：甲酸铵，苯乙酮，苯，浓盐酸，25%氢氧化钠水溶液，粒状氢氧化钠等。

仪器：电动搅拌器，可控电炉，水循环式真空泵，抽滤瓶，三口烧瓶，冷凝器，漏斗等。

3.19.4 实验步骤

① 在100mL三口烧瓶侧颈上配置温度计，温度计插至近烧瓶底部。在三口烧瓶中间瓶颈上装上蒸馏头并连接冷凝管组成一简单蒸馏装置。

② 向烧瓶中加入22.2g甲酸铵、12.0g苯乙酮和2粒沸石。小火缓缓加热，使瓶内混合物逐渐熔化。当温度升至140℃时，熔化后的混合物分为两相，并有液体慢慢蒸出。

③ 当反应液温度升至150～155℃时，混合物呈均相。

④ 继续加热1.5h，当温度到达185℃时停止加热。将馏出液转入分液漏斗，分出上层的苯乙酮并倒回反应瓶，继续加热1h，维持反应温度在180～185℃。

⑤ 冷却后，向烧瓶中加入10mL水，摇荡后转入分液漏斗。再用10mL水洗涤烧瓶，洗涤液一并转入分液漏斗，静置分层，分除水相（先不要弃去），将有机相倒回三口烧瓶。用苯对水层萃取两次（2×10mL），弃去水层，将萃取液倒入三口烧瓶。加入12mL浓盐酸和2粒沸石，小火加热蒸除苯，然后将蒸馏装置改为回流装置，保持回流0.5h。

⑥ 水解停止后，待水解溶液冷却至室温，用苯对其萃取两次（2×10mL）。将分出的水相倒进250mL圆底烧瓶中，加入40mL 25%氢氧化钠溶液，加热，进行水蒸气蒸馏。当蒸出的馏出液不再呈碱性，蒸馏即可结束。

⑦ 用苯对馏出液萃取三次（3×15mL），合并萃取液，用粒状氢氧化钠干燥，先以简单蒸馏蒸除溶剂，然后减压蒸馏，收集 82～83℃/2.4kPa（18mmHg）馏分，即得产物（±）-α-苯乙胺。

（±）-α-苯乙胺 bp180～181℃/102kPa（765mmHg），n_D^{20} 1.5260。称重、测折射率，并计算产率。

3.19.5 注意事项

① 反应过程中，若温度过高，可能会导致部分碳酸铵凝固在冷凝管中，因此，温度不宜超过 185℃。

② （±）-α-苯乙胺易吸收空气中的二氧化碳，应密闭避光保存。

思 考 题

1. 采用洛伊卡特反应合成（±）-α-苯乙胺为什么只能获得其外消旋体？欲获得（+）或（−）-苯乙胺，如何进行拆分？

2. 本实验为什么要比较严格地控制反应温度？

3. 苯乙酮与甲酸铵反应后，用水洗涤的目的是什么？

4. 为什么要用溶剂对水解溶液进行萃取？

（郑州大学　黄强，胡国勤编写）

4 手性化学合成药物

4.1 (*R*)-四氢噻唑-2-硫酮-4-羧酸的合成

4.1.1 学习目标

- 了解手性物及手性合成的概念；
- 初步掌握以手性源方法合成手性物的原理和方法；
- 学会旋光仪的使用及测定手性物光学纯度的方法。

4.1.2 实验原理

(*R*)-四氢噻唑-2-硫酮-4-羧酸简称（*R*）TTCA，是一种手性化合物，可作为检查尿样中的二硫化碳含量的标准试剂，它对 *R*,*S*-胺、*R*,*S*-氨基酸酯等有很好的手性识别功能。原料 L-半胱氨酸盐酸盐水合物也是一种基本的手性化合物，可以此为原料，经非对称合成反应得到新的手性化合物。

本实验是利用手性源方法合成手性物的原理，使手性原料 L-半胱氨酸盐酸盐水合物和 CS_2 在碱性条件下，以五水硫酸铜为催化剂，发生如下非对称反应来制得另一手性化合物（*R*）TTCA

$$\underset{\underset{\text{SH}}{|}}{\text{CH}_2}-\underset{\text{NH}_2}{\overset{\text{COOH}}{\text{C}}}-\text{H} + CS_2 \xrightarrow[\text{NaOH}]{CuSO_4 \cdot 5H_2O} \text{(H, COOH; HN, S; =S)} + H_2S$$

4.1.3 试剂与仪器

试剂：L-半胱氨酸盐酸盐水合物，氢氧化钠，二硫化碳，研细的 $CuSO_4 \cdot 5H_2O$，浓盐酸，亚硫酸钠，无水 Na_2SO_4 或无水氯化钙，乙酸乙酯，1∶1 的盐酸，0.1mol/L 的盐酸。

仪器：电子天平，三口烧瓶，分液漏斗，电子磁力搅拌器，吸滤瓶，布氏漏斗，真空泵，旋转蒸发仪，自动旋光仪 WZZ-2B，显微熔点测定仪。

4.1.4 实验步骤

（1）称取 4.8g NaOH 溶于 90mL 蒸馏水，搅拌至全溶后将溶液移入 250mL 圆底三口烧瓶中；称取 5.25gL-半胱氨酸盐酸盐和 6.75g $CuSO_4 \cdot 5H_2O$ 置于前述三口烧瓶中；最后，加入 2g 左右亚硫酸钠以及 3.0mL CS_2。

（2）在温度为 55℃下回流反应 2h。

（3）待反应液冷却后过滤至锥形瓶中，用 1∶1 盐酸调节 pH 值至 1。

（4）用总量 120mL 乙酸乙酯分四次萃取。

（5）将有机相收集入烧杯中加无水 Na_2SO_4 或无水氯化钙干燥，放置 0.5～1h。

（6）用旋转蒸发仪蒸出溶剂乙酸乙酯，得到（*R*）TTCA 的粗产品。

（7）对粗产品用重结晶提纯，即先用适量 1∶1HCl 在 90℃加热至产品完全溶解（HCl 稍过量 3%～4%）；然后趁热过滤，在室温冷却，有少量白色晶体析出；将滤液置于冰箱或冰柜冷却，放置时间为 4h 以上。

（8）将晶体过滤，烘干。

（9）取微量产品用显微熔点测定仪测定熔点。

（10）称取 0.080g 左右产品溶于 12mL 0.1mol/L HCl，配成 12mL 溶液，测旋光度，测完后回收此溶液。

4.1.5 注意事项

① 萃取一定要完全。在分液漏斗里多振荡几次，否则产率可能降低。

② 注意重结晶中所加 1∶1 HCl 的量。如果太多，晶体出来得慢，甚至有的就溶在溶剂中出不来了，这样会损失产品；如果太少，晶体出来太快，晶形不好，且产品纯度降低。

4.1.6 实验结果与讨论

① 记录实验条件、过程、各试剂用量及产品（*R*）TTCA 的重量及观察到的现象。

② 产品为无色晶体。

③ 计算（*R*）TTCA 的理论产量和实际得率。

④ 通过所测旋光度计算比旋值，与文献值比较，可计算相对光学纯度。

思 考 题

1. 为什么（*R*）TTCA 的合成要在碱性的条件下进行？
2. 五水硫酸铜可能的催化机理是什么？
3. 加入亚硫酸钠的作用可能是什么？
4. 如果产品的光学纯度不高，可能的原因是什么？

参考值

文献中得到（*R*）TTCA 0.98g，无色晶体，产率 66%，mp180～182℃，$[\alpha]_{D}^{20℃}=-87.5°$（*c*1.03，0.1mol/L HCl）。

（四川大学　宋航编写）

4.2 （±）-α-苯乙胺的（*R*）TTCA 拆分

4.2.1 学习目标

• 学会用手性试剂将外消旋手性物转化为非对映异构体后，再运用分步结晶方法获得单一构型手性物的原理和基本方法；

• 熟练使用旋光仪。

4.2.2 实验原理

合成的产物为外消旋体。要将外消旋的一对对映体分开，一般是将其与拆分剂形成非对映体，然后利用非对映体物理性质的不同，用结晶的方法将它们分离、精制，然后再去掉拆分剂，可得纯的旋光异构体。本实验通过化学反应的方法，用手性试剂将外消旋体中的两种对映体转化为非对映异构体，然后利用非对映异构体之间的物理性质和化学性质都不同的原理，将其拆分获得单一手性物。该方法是经典的手性物制备方法，目前仍是最广泛运用的工业化方法之一，主要适用于拆分制备酸、碱性手性物。

本实验用易于合成的（*R*）TTCA［其合成请参见本书 4.1（*R*）-四氢噻唑-2-硫酮-4-羧酸的合成］作为新的拆分试剂，该拆分试剂具有廉价、易于制备以及便于回收利用的特点。

运用（*R*）TTCA 对（±）-*α*-苯乙胺进行拆分，其基本步骤为

(R) + $2H_2N-CH(CH_3)-C_6H_5$ (R,S) → $COOH \cdot NH_2$ 盐 + $H-C(C_6H_5)(CH_3)-NH_2$ R(+) 对映体过量

NaOH ↓

(R) ←H^+— COONa + $H_2N-C(C_6H_5)(CH_3)-H$ S(−) 对映体过量

4.2.3 试剂与仪器

试剂：（*R*）TTCA，（±）-*α*-苯乙胺，乙酸乙酯，1.0mol/L 的 NaOH 溶液，饱和食盐水，无水 Na_2SO_4，无水乙醇。

仪器：二口圆底烧瓶，具塞离心试管，蒸馏头，水蒸气蒸馏装置，电子天平，移液管，洗耳球，液封漏斗，电子磁力搅拌器，真空泵，漏斗，旋转蒸发仪，自动旋光仪 WZZ-2B，显微熔点测定仪。

4.2.4 实验步骤

① 量取 0.52mL（±）-*α*-苯乙胺溶于 20mL 乙酸乙酯；称取 0.328g（*R*）TTCA 溶解于 20mL 乙酸乙酯中，溶完后转入液封漏斗中。

② 在室温（25℃）条件下，将液封漏斗中的（*R*）TTCA 乙酸乙酯液向（±）-*α*-苯乙胺乙酸乙酯液中滴加；全部滴完后，继续反应 30min。

③ 反应结束后立即过滤，滤液部分用 20mL 1.0mol/L 的 NaOH 溶液洗涤，再用饱和食盐水（3×20mL）洗涤，有机部分倒入烧杯中。

④ 滤渣为白色固体，称其总重，取少许块状物测定熔点和旋光度，将余下的全部置入二口圆底烧瓶中，加入 20mL 1.0mol/L NaOH 搅拌反应，白色块状物逐渐溶解，最后得到无色透明溶液。

⑤ 反应 10min 后停止反应，然后用 60mL 乙酸乙酯（3×20mL）萃取，得到淡黄色油状液。

⑥ 用饱和食盐水 60mL（3×20mL）洗涤，上层为无色油状液体（有机相），下层为无色透明液体（无机相）。将有机相倒入 100mL 烧杯中，加入无水 Na_2SO_4 干燥，静置 2～3h。

⑦ 将两溶液分别过滤，然后在旋转蒸发仪上蒸出乙酸乙酯，分别得到两份淡黄色液体［*R*(＋)-*α*-苯乙胺和 *S*(－)-*α*-苯乙胺］。

⑧ 称 *R*(＋)-*α*-苯乙胺 0.100g 左右，溶于 10mL 无水乙醇中，摇匀，转入旋光仪，测旋光度；测定 *S*(－)-*α*-苯乙胺旋光度［方法同 *R*(＋)-*α*-苯乙胺］。

4.2.5 注意事项

① 反应完过滤时，要用少许乙酸乙酯冲洗滤渣，这样会减小 R(+)-α-苯乙胺的损失。

② 实验中用的 NaOH 一定要除净，否则产品放置一天后会变成固体。

4.2.6 实验结果与讨论

① 记录实验条件、过程、各试剂用量及观察的现象。

② 计算白色固体的理论产量和实际得率，并通过旋光度计算比旋值和光学纯度。

③ 分别计算 R(+)-α-苯乙胺和 S(−)-α-苯乙胺的理论产量和实际得率。

④ 通过所测旋光度计算比旋值，并计算两对映体的光学纯度。

⑤ 如果两对映体的光学纯度不高，分析其原因。

思　考　题

1. 拆分试剂（R）TTCA 的光学纯度对于拆分出来的对映体的光学纯度有影响吗？为什么？
2. 饱和食盐水洗涤的主要作用是什么？
3. 用乙酸乙酯萃取为什么分三次进行？
4. 为了在过滤的时候最大程度减少损失，你会怎么做？

参考值

白色固体为 R(−)TTCA·S（−)-α-苯乙铵盐，mp154～156℃，产率 92.0%，$[\alpha]_{D}^{20℃}=-53.14°$（$c$0.12，$H_2O$）。

R(+)-α-苯乙胺，沸点 187～189℃，相对密度 0.952，折射率 1.526，闪点 79℃，比旋光度 $[\alpha]_{D}^{20℃}=-30°$（c=10，乙醇），$[\alpha]_{D}^{20℃}=-40°$（纯液体）。

S(−)-α-苯乙胺，沸点 187～189℃，相对密度 0.952，折射率 1.526，比旋光度 $[\alpha]_{D}^{20℃}=+30°$（c=10，乙醇），$[\alpha]_{D}^{20℃}=+40°$（纯液体）。

（四川大学　宋航编写）

4.3 (±)-α-苯乙胺的酒石酸盐拆分

4.3.1 学习目标

学习用经典的手性拆分试剂，运用化学衍生化方法拆分外消旋体，掌握制备单一构型手性物的原理和基本实验方法。

4.3.2 实验原理

常用的经典手性酸如 R(+)-酒石酸即（+)-酒石酸、（+)-樟脑-β-磷酸等，可用来拆分碱性外消旋体，例如（±)-α-苯乙胺（即 R,S-α-苯乙胺）等。以（+)-酒石酸拆分外消旋 α-苯乙胺制备单一构型手性苯乙胺的基本反应过程为

$C_6H_5CH(NH_2)CH_3$ + $HOOC-CH(OH)-CH(OH)-COOH$ ⟶ [H—C(CH_3)(C_6H_5)—NH_3^+] [^-OOC—CH(OH)—CH(OH)—COOH]（结晶） + [NH_3^+—C(CH_3)(C_6H_5)—H] [^-OOC—CH(OH)—CH(OH)—COOH]（甲醇溶液）

4.3.3 试剂与仪器

试剂：(＋)-酒石酸，(±)-α-苯乙胺，甲醇，乙醚，氢氧化钠水溶液，无水硫酸钠。

仪器：电动搅拌器，可控电炉，水循环式真空泵，抽滤瓶，三口烧瓶，冷凝器，漏斗等。

4.3.4 实验步骤

① 在 100mL 锥形瓶中，置入 3.2g (＋)-酒石酸、45mL 甲醇和两粒沸石，配置回流冷凝装置，水浴加热使之溶解。

② 用滴管向瓶中慢慢滴加 2.6mL (±)-α-苯乙胺，边滴加边振摇（滴加速度不宜快，否则易起泡），使之混合均匀。滴加完毕，冷却至室温，静置过夜，有颗粒状棱柱形晶体析出。

③ 过滤，所得晶体用少量冷甲醇洗涤两次，置放在表面皿上晾干，即得 (－)-α-苯乙胺-(＋)-酒石酸盐。称重、测熔点、测旋光度并计算产率。(－)-α-苯乙胺-(＋)-酒石酸盐为白色棱柱状晶体。mp179～182℃（分解），$[\alpha]_D^{22℃}=13°$(H_2O，8%)。

④ 将上述所获 (－)-α-苯乙胺-(＋)-酒石酸盐溶入 10mL 水中，加入 1.5mL 50%氢氧化钠水溶解，充分振摇后溶液呈强碱性。用乙醚对溶液萃取三次（3×10mL），合并乙醚萃取液，用无水硫酸钠干燥，过滤，热水浴蒸除乙醚（可用水泵减压蒸馏），即得 (－)-α-苯乙胺粗产品。

⑤ 称重、测旋光度并计算产率和比旋光度，通过与其纯样品的比旋光度比较，求出实验样品的光学纯度。

4.3.5 注意事项

① 甲醇有毒，避免吸入其蒸气。

② 千万不可用明火蒸除乙醚。

③ 如果析出的晶体中夹杂有针状晶体，会导致产物的光学纯度下降。此时，可用热水浴对锥形瓶缓缓加热，并不时振摇，针状晶体因易溶解而逐渐消失。当溶液中只剩少量棱柱形晶体时（留作晶种），停止加热，再让溶液在室温下慢慢冷却结晶。

4.3.6 实验结果与讨论

① 记录实验条件、过程、各试剂用量及观察到的现象。

② 计算产物的理论收率和实际产率。

③ 通过测定产物的旋光度计算比旋度及光学纯度。

思考题

1. 从实验中所获得的 (－)-α-苯乙胺在乙酸乙酯溶液中的比旋光度为 20°，求其对映异构体的质量分数（%）。

2. 本实验尚未对母液中所含的 (＋)-α-苯乙胺-(＋)-酒石酸盐进行处理，试拟实验方案，从母液中提取出 (＋)-α-苯乙胺。

3. 请对比用酒石酸盐、(*R*) TTCA 分别拆分 α-苯乙胺的工艺特点。

参考值

$[\alpha]_D^{20℃}=-30°$（$c=10$，乙酸乙酯），$[\alpha]_D^{20℃}=-40.3°$（纯）。

（郑州大学　黄强，胡国勤编写）

4.4　外消旋苯乙醇酸的拆分

4.4.1　学习目标

- 理解采用非对映体盐结晶拆分外消旋化合物的基本原理；
- 了解手性化合物的旋光性及其测定原理、方法和意义；
- 掌握数字熔点仪和旋光仪的使用方法。

4.4.2　实验原理

苯乙醇酸，俗称扁桃酸、苦杏仁酸，不仅是一种口服治疗尿道感染的药物，还是一种重要的药物合成中间体，在医药和化工领域有着广泛的应用价值。在它的分子结构中含有一个手性碳，存在（*R*）-（－）-苯乙醇酸和（*S*）-（＋）-苯乙醇酸两种构型的光学异构体。（*R*）-（－）-苯乙醇酸用于头孢菌素类系列抗生素羟苄四唑头孢菌素的侧链结构修饰，还可应用于减肥药物和抗肿瘤药物的化学合成；（*S*）-（＋）-苯乙醇酸是合成（*S*）-奥昔布宁的前体原料，而（*S*）-奥昔布宁在临床上广泛用于治疗尿急、尿频和尿失禁。

通过一般的化学反应合成得到的往往是一对外消旋苯乙醇酸对映体。采用非对映体盐结晶拆分的方法，可以在拆分过程中同时获得 *R* 型和 *S* 型苯乙醇酸，是实现高附加值、高技术含量和颇具发展潜力的策略方法之一，也是目前制药工业上应用最广泛的一种拆分技术。文献已报道的使用该方法拆分苯乙醇酸对映体的碱性拆分剂主要有麻黄碱、辛可宁、苯乙胺、2-氨基-1-丁醇，但由于所使用的拆分剂受药物管制或成本高等原因，该方法未能得到深入的推广和使用。我国作为发展中国家，医疗水平与发达国家相比相对较低，广泛用于控制细菌性感染疾病的药物氯霉素仍在大量生产，于是合成氯霉素的副产物（1*S*,2*S*）-1-对硝基苯基-2-氨基-1,3-丙二醇［又名：右胺、（1*S*,2*S*）-右旋氯霉胺］作为工业生产废弃物来源丰富，几乎零成本。复旦大学陈芬儿院士课题组首次报道了以价廉易得的右胺作为碱性拆分剂，对（＋）-生物素合成中间体进行了化学拆分，实现了（＋）-生物素的工业全合成，也是为数不多的从学术研究到工业化应用的经典案例之一。

受生物素中间体采用非对映体盐结晶拆分的启发，根据类似原理，采用价廉易得的右胺作为碱性拆分剂，对苯乙醇酸对映体进行结晶拆分，经过酸碱成盐反应后，对形成的非对映体盐进行结晶分离，最后经酸性解离和重结晶提纯后获得了光学纯的（*S*）-（＋）-苯乙醇酸

外消旋苯乙醇酸　碱性拆分剂——右胺，EtOH/H_2O　1.加热　2.冷却　3.抽滤　晶体　滤液　HCl　(*S*)-(+)-扁桃酸　非对映体(盐)

4.4.3　试剂与仪器

试剂：外消旋苯乙醇酸，右胺，盐酸，乙醇，乙醚，1,2-二氯乙烷，无水硫酸镁等。

仪器：WRS-1B数字熔点仪，WZZ-2S自动旋光仪，旋转蒸发仪，回流冷凝装置等。

4.4.4 实验步骤

（1）形成非对映体盐 在150mL置有磁子的茄形瓶中依次加入10g外消旋苯乙醇酸、14.2g右胺和50 mL 50%的乙醇水溶液，将其用铁夹固定在磁力加热搅拌器中，装上球形回流冷凝管，打开冷却水、搅拌开关和加热开关，将混合液加热至固体全部溶解。室温冷却后，再用冰水浴冷却析晶，减压抽滤得到白色的“(S)-(+)-苯乙醇酸·(1*S*,2*S*)-氯霉胺”非对映体盐晶体。

（2）酸化解离 将抽滤收集的非对映体盐晶体加入60mL水中，搅拌至固体全部溶解，用18%的盐酸水溶液调节溶液pH至1后，继续搅拌30min，然后用乙醚萃取三次，每次20mL。用干燥的锥形瓶收集合并的乙醚层，加入无水硫酸镁进行干燥。过滤后，将滤液倒入事先称重的100mL干燥茄形瓶中，再用旋转蒸发仪蒸除乙醚，得到(S)-(+)-苯乙醇酸粗产物。

（3）重结晶提纯 在盛有粗产物的茄形瓶中，加入磁子和10mL 1,2-二氯乙烷，将其用铁夹固定于磁力加热搅拌器中，装上回流冷凝管，依次打开搅拌器的搅拌和加热开关。加热至溶剂微沸时粗产物全部溶解，若未溶，从冷凝管的上端分批少量补加1,2-二氯乙烷，直至所有固体粗产物刚好全部溶解，同时记录下所使用的溶剂用量。依次关闭搅拌器的加热开关、搅拌开关和冷却水开关，冷却析晶，用布氏漏斗进行抽滤，并用少量冷的1,2-二氯乙烷溶剂洗涤析出的晶体。用红外灯或真空干燥箱干燥至恒重，并用数字熔点仪进行熔点测定。重结晶后称重产物约3.6g。

（4）(S)-(+)-苯乙醇酸的旋光度测定

① 旋光仪预热。将WZZ-2S自动旋光仪电源接通，打开仪器的后置电源开关，待前置面板屏幕自动跳到设置界面后，系统默认参数为“MODE（模式）：1；L（旋光管长度）：1；C（待测样浓度）：0；N（测试次数）：6”（“MODE：1”对应“旋光度测量”；“MODE：2”对应“比旋光度测量”；“MODE：3”对应“浓度测定”；“MODE：4”对应“糖度测定”）。如果显示模式无须改变，屏幕光标移至“OK”后，直接按回车键进入测量界面。由于“MODE：1”需自行计算比旋光值，而“MODE：2”可自动读取比旋光度值，修改相应模式为“MODE：2；L：2；C：2.5；N：6”。修改方法为：将光标移至“SET”，再按回车键，光标移至模式设置，修改相应模式对应的每一项，输入完毕后，再按回车键，进入测量界面，然后预热仪器10～15min。

② 清零。待仪器预热10～15min后，将装有蒸馏水的旋光管放入样品室，盖上箱盖，按清零键，显示0读数。旋光管中若有气泡，应让气泡浮在凸颈处，通光面两端的雾状水滴，应用软布擦干。旋光管两端的螺帽不宜旋得过紧，以免产生应力，影响读数。旋光管安放时注意标记的位置和方向。

③ 比旋光度测量。用25mL的容量瓶配制2.5mol/L的(S)-(+)-苯乙醇酸的水溶液（蒸馏水）。取出装有蒸馏水的旋光管，除去空白溶剂，用待测样品溶液荡洗旋光管3次，再在旋光管中注入待测样品溶液。按相同的位置和方向将样品管放入样品室内，盖好箱盖。仪器将显示出该样品的比旋光度值，然后计算出(S)-(+)-苯乙醇酸的光学纯度。仪器使用完毕后，关闭电源开关，并清洗旋光管。

4.4.5 实验结果与讨论

① 测定(S)-(+)-苯乙醇酸的熔点，与文献报道的熔点值mp＝120℃进行对比，评价产品的纯度。

② 对映体的完全分离是最理想的状态，然而在实际研究工作中很难做到完全分离，常用光学纯度（OP）来表示被拆分后对映体的纯净纯度。光学纯度的定义是：旋光性物质的比旋光度除以光学纯样品在相同条件下的比旋光度。文献报道的（*S*)-(＋)-苯乙醇酸比旋光度为：$[\alpha]_D^{20}=+149°$（$c=2.5$，H_2O）。计算拆分所得（*S*)-(＋)-苯乙醇酸的光学纯度，并评价拆分效果。

思　考　题

1. 光学活性化合物的获取途径有哪些？外消旋体的手性拆分与其他方法有何异同？
2. 物质旋光度的大小与哪些因素有关？

（上海理工大学　熊非编写）

4.5　外消旋萘普生的结晶拆分

4.5.1　学习目标

- 掌握葡辛胺、葡甲胺结晶拆分芳基丙酸类化合物的基本原理和操作；
- 了解不同工艺溶剂中进行结晶拆分的基本内容。

4.5.2　实验原理

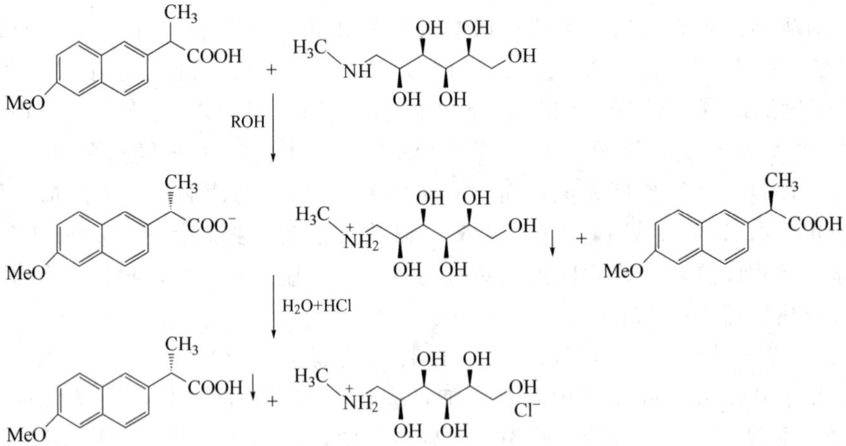

4.5.3　试剂与仪器

试剂：萘普生，葡辛胺，葡甲胺，95%食用乙醇，甲醇，盐酸，氢氧化钠，氨水。

仪器：恒温磁力搅拌器，三口烧瓶，旋转蒸发器，布氏漏斗。

4.5.4　实验步骤

① 在250mL反应瓶中依次投入甲醇（35mL），消旋萘普生（5.0g，65.1mmol，工业品）、葡甲胺（4.2g，65.1mmol），搅拌加热至的55℃左右物料全部溶解，继续升温至回流，回流后液温继续上升至67℃，继续回流约30min，停止加热，在室温下自然冷却，过夜结晶。第二天看见有白色的针状沉淀。抽滤，以甲醇（2×10mL）洗滤饼，100℃烘干得

(S)-(+)-萘普生·(−)-葡甲胺盐，将所得到的（S)-(+)-萘普生·(−)-葡甲胺盐在约50mL甲醇中重结晶，得到（S)-(+)-萘普生·(−)-葡甲胺盐纯品，测熔点范围。

② 将消旋萘普生（5g，21.7mmol，工业品）、葡甲胺（4.2g，21.7mmol）、95%乙醇（50mL）投入250mL反应瓶，搅拌升温至约55℃，物料全部溶解，升温至80℃回流30min，停止加热。然后在室温下自然冷却，过夜结晶。第二天可以看见有白色的絮状沉淀。抽滤，用乙醇（2×15mL）冲洗滤饼，100℃烘干，得（S)-(+)-萘普生·(−)-葡甲胺盐，将所得到的（S)-(+)-萘普生·(−)-葡甲胺盐在约50mL乙醇中重结晶，得到（S)-(+)-萘普生·(−)-葡甲胺盐纯品，测熔点范围。

③ 将前面制得的（S)-(+)-萘普生·(−)-葡甲胺盐（10g）加入200mL去离子水中，其迅速地溶解。加热到70～75℃，滴加盐酸，可以看见迅速有白色的沉淀出现，搅拌滴加至pH1～2，析出的晶体为右旋萘普生，加热回流约30min，自然冷却析晶，过滤，烘干得(S)-(+)-萘普生细晶，测熔点范围。

④ 在带尾气吸收装置的250mL三口烧瓶中，依次加入水（100mL)、消旋萘普生（23g 0.1mol)，搅拌下用氨水调pH=7，加热至全溶，水浴冷却至室温，间歇搅拌，过夜结晶，抽滤，水洗干燥，得到消旋萘丙酸铵晶体23.1g，收率93.3%。将所得晶体取23.1g（0.1mol)，及水（50mL)、葡辛胺（16.2g 0.55mol）依次加入250mL带冷凝及尾气回收装置的三口烧瓶中，搅拌加热，在恒温水浴中以75℃左右加热回流1h，冷水降温到50℃左右，同时补入甲醇约10mL，冷却至室温，过夜结晶，抽滤得到（S)-(+)-萘普生葡辛胺盐11.6g，收率47.5%。再将（S)-(+)-萘普生葡辛胺盐加入500mL烧杯中，加水300mL，加10%NaOH调pH11～12，自然冷却，过夜结晶，析出葡辛胺，抽滤回收，将滤液用盐酸调至pH1～2，析出白色晶体，抽滤，水洗，干燥得到（S)-(+)-萘普生。

4.5.5 实验结果与讨论

① 记录实验条件、过程和各试剂的用量。

② 薄层色谱监测反应进程。

③ 测定产物的旋光度和计算旋光率，测定产物熔点。

④ 计算理论收率和实际产率。

思 考 题

1. 请估计葡辛胺、葡甲胺各自在水中的溶解度。
2. 请估计萘普生葡甲胺盐和萘普生葡辛胺盐在水中的溶解度。
3. 用水替代醇作为拆分工艺溶剂有什么特点？

（四川大学 承强编写）

4.6 *N*-苄氧羰酰基-L-羟脯氨酸的合成

4.6.1 学习目标

- 掌握手性源不对称合成中氨基的一种保护方法；
- 了解苄氧羰酰基在氨基酸保护中的应用。

4.6.2 实验原理

氨基的保护有许多种方法，如形成甲酰胺、乙酰胺、苯甲酰胺、氨基甲酸酯型等。其中苄氧羰酰基属于氨基甲酸酯型，它在氨基酸等氨基部分的保护方面具有特别的应用价值，因为用该保护基进行氨基的保护比较容易，而且收率较高；同时，该保护基在一般酸、碱条件下比较稳定，主要应用于肽类的合成中。苄氧羰酰基保护基可用氯化氢、溴化氢、碘化氢及碘化磷等酸性试剂处理除去，而且可以用催化氢化、三乙基硅烷还原或在液氨中用金属钠还原除去。形成 *N*-苄氧羰酰基-L-羟脯氨酸的具体反应为

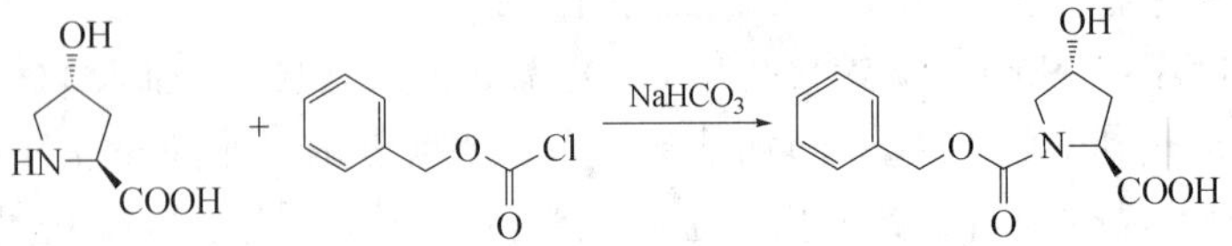

4.6.3 试剂与仪器

试剂：L-羟脯氨酸，氯甲酸苄酯，碳酸氢钠，四氢呋喃，氮气，1mol/L 盐酸，乙酸乙酯，乙醚，无水硫酸钠。

仪器：烧瓶，布氏漏斗，恒压滴液漏斗，搅拌器，真空泵，真空干燥器，熔点测定仪，旋光仪。

4.6.4 实验步骤

① 氮气保护下，在 500mL 烧瓶中加入 10g（76mmol）L-羟脯氨酸、150mL 水和 15g（178mmol）碳酸氢钠，搅拌溶解，冷却于冰水浴中。

② 快速搅拌下，于 30min 内加入 14.4g（13.5mL）氯甲酸苄酯的 30mL 四氢呋喃溶液，自然升至室温，并在室温下搅拌反应 16h。

③ 反应物用 1mol/L 盐酸酸化至 pH＝2～3，用乙酸乙酯（第一次 100mL，后两次各 50mL）萃取，有机相用饱和食盐水洗涤（2×100mL），然后用无水硫酸钠干燥。

④ 回收溶剂，剩余固体用乙酸乙酯-乙醚重结晶，真空干燥 1h。得粉末状固体产物，计算收率并测定产物的熔点。

4.6.5 实验结果与讨论

① 记录实验条件、过程、各试剂用量及观察到的现象。

② 产物为白色晶体。

③ 计算产物的理论收率和实际产率。

④ 通过测定产物的旋光度计算比旋度及光学纯度。

思考题

1. 氨基酸的氨基常用哪些保护基团进行保护？在肽类合成中常用哪两种？
2. 氨基酸的氨基进行酰化反应时应注意什么条件？

参考值

N-苄氧羰酰基-L-羟脯氨酸：类白色结晶性粉末，mp（104±2）℃，$[\alpha]_D^{25℃}=-54°\pm 2°$（$c=2$，乙醇）。

（四川大学　李子成编写）

4.7 L-苏氨酸甲酯盐酸盐的制备

4.7.1 学习目标

- 了解手性源不对称合成氨基酸酯的一种方法；
- 了解二氯亚砜在酸酯化中的应用。

4.7.2 实验原理

氨基酸为含有酸性羧基和碱性氨基的两性化合物，在肽类合成中，必须将其中的氨基或羧基加以保护。保护羧基常用方法是形成各种酯，如甲酯、乙酯、叔丁酯、苄酯等，形成酯常用的条件是将氨基酸悬浮在所需形成酯的醇中，加入酸进行反应。所用酸有对甲苯磺酸、浓硫酸、氯化氢、二氯亚砜等，当用强酸时，如后三者，一般为室温反应，成酯的同时氨基形成盐，利用盐在有机溶剂中溶解度小的特点，使盐从有机溶剂中析出。

苏氨酸甲酯除了在肽合成中具有广泛应用外，将甲酯转化为苏氨酸酰胺，再转化为 N-Cbz 苏氨酸酰胺、N-Cbz-O-Ms 苏氨酸酰胺，可用于合成安曲南的 β-内酰胺中间体。形成酯的具体反应为

OH O ... OH, NH_2 $\xrightarrow[SOCl_2]{CH_3OH}$ OH O ... OCH_3, NH_2

4.7.3 试剂与仪器

试剂：L-苏氨酸，二氯亚砜，无水甲醇，氮气。

仪器：搅拌器，三口烧瓶，氯化钙干燥管，旋转蒸发仪，布氏漏斗。

4.7.4 实验步骤

① 有干燥装置并氮气保护下，将装有 100mL 无水甲醇的 250mL 三口烧瓶冷却至−5℃，保持反应液温度为 0～5℃的情况下，滴加 13mL 二氯亚砜，然后再冷却到−5℃。

② 加入 6g L-苏氨酸。自然升到室温，并搅拌反应 16h。低于 35℃温度下，减压回收溶剂至干，于 0.1mmHg（1mmHg=133.3Pa）真空度下干燥 2h，得无色或淡黄色油状 L-苏氨酸甲酯盐酸盐。

4.7.5 注意事项

① 滴加二氯亚砜的速度不能太快，否则反应液温度会快速升高，产生大量的氯化氢烟雾。

② 回收溶剂时，水浴温度应低，温度太高容易引起氨基酸的消旋。

4.7.6 实验结果与讨论

① 记录实验条件、过程和各试剂的用量。

② 用薄层色谱监测反应进程。

③ 测定产物的旋光度和计算旋光率，测定产物熔点。

④ 计算理论收率和实际产率。

思 考 题

1. 形成酯的反应中可否用对甲苯磺酸作催化剂？操作条件有何不同？
2. 用强酸或强碱作为催化剂，在回流条件下处理氨基酸将可能发生什么现象？

（四川大学 李子成编写）

4.8 色谱法拆分外消旋体（Ⅰ）——DNB-PG固定相

4.8.1 学习目标

- 学习高效液相色谱仪的基本操作；
- 理解用高效液相色谱手性固定相法拆分外消旋体的基本原理。

4.8.2 实验原理

含有手性因素的药物，其不同的对映体在活性、代谢过程及毒性方面往往存在着显著差异，因此获得光学纯度的单一对映体药物就变得尤为重要。获取单一对映体的方法通常可以分为外消旋体拆分法和不对称合成法两大类。高效液相色谱手性固定相（CSP）法是外消旋体拆分法中发展较快、应用范围较广的一种方法，它是利用手性对映体与固定相之间不同的相互作用，在流动相洗脱时具有不同的保留时间这一基本原理而达到分离手性对映体的目的。

根据固定相与流动相极性的大小不同，高效液相色谱手性固定相法拆分手性药物有正相和反相之分，固定相极性大于流动相极性时为正相，反之则为反相。

手性固定相是高效液相色谱直接拆分手性对映体的关键部分，它直接决定了拆分的效果。目前的手性固定相已有100多种，其中研究和应用较多的是刷型手性固定相。刷型手性固定相与手性对映体之间的手性识别可以用“三点作用”原理加以解释，即手性固定相须至少与一个对映体同时具有三个或以上的相互作用，其中至少一个是由立体化学决定的。

根据这种原理，Pirkle等设计了π酸型的（*R*）-苯甘氨酸的DNB（二硝基苯）衍生物手性固定相，即DNB-PG（二硝基苯甲酰-苯甘氨酸型）固定相，它能拆分很多带有烷基、醚基或氨基取代的给电子芳香环的对映体，且制备较容易。该固定相的结构为

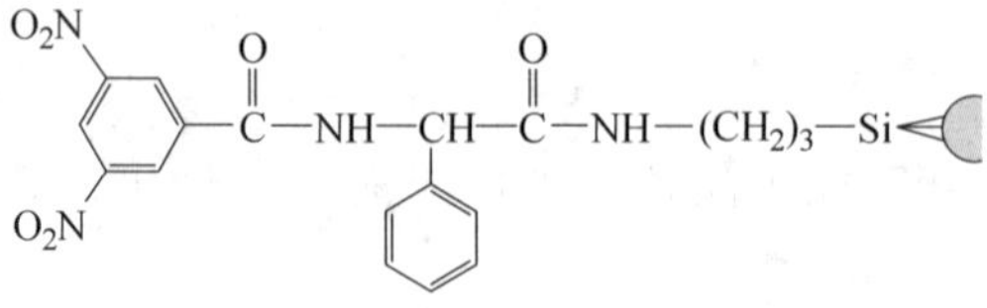

$(O_2N)_2C_6H_3$—C(=O)—NH—CH(C_6H_5)—C(=O)—NH—$(CH_2)_3$—Si

DNB-PG CSP（手性固定相）结构

由于具有不同绝对构型的两对映体与手性固定相之间的作用力大小不同，其在固定相上的保留时间的长短也不同，从而在流动相洗脱过程中得以分离。一定条件下，一种手性固定相对手性化合物两对映体的分离选择性可以用分离因子（或相对保留值）α 来表征

$$\alpha=\frac{k_2'}{k_1'}=\frac{t_{R,2}'}{t_{R,1}'}$$

式中，k 为容量因子，即样品的保留时间 t_R 与死时间 t_0 的比。

分离因子 α 是描述手性固定相对手性物分离能力的一个重要定性指标。一般而言，分离因子 α 值越大，分离选择性越高，分离效果越好，当 α 值足够大（≥1.2～1.5）时，则可以考虑用于制备分离。制备色谱可以看作是分析色谱的放大模型，原理基本相同。

4.8.3 仪器与试剂

试剂：正己烷，异丙醇，丙卡特罗等。

仪器：高效液相色谱仪，UV-200 紫外检测器，恒温柱温箱，DNB-PG 手性色谱柱（四川航嘉生物医药科技有限责任公司）。

查阅国内外有关文献，选择分析的对象。表 4-1 给出部分参考文献及相应的可拆分对映体的信息。

表 4-1 部分样品在 DNB-PG 色谱柱上的拆分

拆分对象	分离因子 α	估计时间 $t_{R,1}$/min	参考文献	色谱柱
对甲氰菊酯和顺式甲醚菊酯	1.067～1.073	3～9	杨国生，高如瑜，沈含熙．山东大学学报（自然科学版），1998，33(2)：206-208	DNB-PG
DL-3，4-二羟基苯丙氨酸	1.57	5～8	张策，齐静娴，庞志龙．化学分析计量，2000，9(3)：20-21	DNB-PG，DNB-Leucine
有机磷酸酯类对映体	—	—	杨国生，黄慕斌，李高兰．色谱，1998，6(5)：427-429	DNB-PG，DNB-Leucine
7-MBA-*trans*-5，6-DHD（二氢二醇）	1.25	22.1	Yang S K，et al. J Chromatogr，1986，195：371	DNB-PG，DNB-Leucine
萘普生衍生物：4-methoxy-anilide	1.21	14.2	Nicoll G D，et al. J Chromatogr，1988，103：428	DNB-PG，DNB-Leucine
萘普生衍生物：1-amido-naphthalene	1.23	16.3	Nicoll G D，et al. J Chromatogr，1988，103：428	DNB-PG
1-OH-1，2，3，4-H_4-1-MBA	1.47	8.5	Abidi S L. J Chromatogr，1987，133：404	DNB-PG
DMBA-*trans*-5，6-DHD	1.47	18.6	Pirkle. W H. Anal Chem，1984，56：2658	DNB-Leucine
丙卡特罗	1.54	3～6	郑文丽，宋航，梁彦明，等．色谱，2003，21(3)：239-241	DNB-PG，DNB-Leucine

4.8.4 实验步骤

① 配制流动相 200mL［正己烷：异丙醇＝80：20（体积比）］，再准确称取选择的 10mg 的丙卡特罗样品，用相应的流动相配成质量浓度为 200mg/mL 的溶液待用。

② 装上 DNB-PG 手性色谱柱，注意各管路连接的密闭性以防漏液。

③ 开启色谱泵，确认系统管路中无气泡后，调节流动相流速到所需数值（具体视相应流动相黏度和温度而定），待稳定。若有气泡，则先排除气泡，具体操作参见“高效液相色谱操作规程”。

④ 打开检测器，调节检测波长至所需波长（254nm），待稳定。

⑤ 按“操作规程”说明进入色谱工作站，参考样品在相应分析柱上的保留时间设定所需分析时长。

⑥ 待基线稳定后，将清洁干燥的进样器以样品溶液润洗 2～3 次，吸取适量的样液，排气并定容至设定的进样体积 5μL，准备进样。

⑦ 按一下检测器上的“自动回零”按钮，等“基线”回零后，取下进样阀保护针，由INJECT位扳到LOAD位，插入进样针，迅速进样并扳回INJECT位，进样完毕。

⑧ 根据对映体出峰时间，调节收集阀的旋钮，使流动相进口管路分别与1#～4#管路中的两个管路相连，收集相应的对映体组分。注意：因为从检测器到馏分收集阀还有一段管路，所以从出峰到调节收集阀之间应该有一个时间延迟，这个时间延迟和这段管路的死体积及流动相速率有关。

⑨ 需重复进样分离时，按⑥～⑦步重复操作即可。

⑩ 分离操作完毕，关闭色谱系统。

4.8.5 实验结果与讨论

① 记录实验条件、过程、样品两对映体出峰时间等。

② 计算样品两对映体在DNB-PG手性色谱柱上的分离因子α值，定性评价分离效果。

③ 讨论改变温度、流动相极性对出峰时间、分离因子α的影响。

思 考 题

1. 手性色谱对手性药物的发展有何积极的作用？
2. 手性色谱与一般色谱有何异同？
3. 影响分离因子α的因素有哪些？如何提高分离因子α值？

（四川大学 宋航，张义文编写）

4.9 色谱法拆分外消旋体（Ⅱ）——DNB-Leucine固定相

4.9.1 学习目标

- 掌握制备型高效液相色谱仪的基本原理和操作方法；
- 理解色谱法拆分外消旋体制备单一手性物的分离条件的选择。

4.9.2 实验原理

DNB-Leucine固定相拆分外消旋体制备单一手性物的基本原理和方法与DNB-PG CSP拆分制备基本相同，该固定相是*R*-亮氨酸或*L*-亮氨酸的DNB衍生物，能拆分很多带有烷基、醚基或氨基取代的给电子芳香环的对映体。结构为

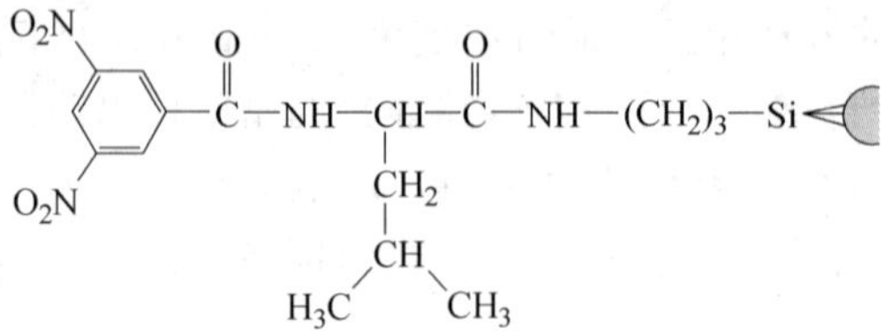

O_2N
O O
C—NH—CH—C—NH—$(CH_2)_3$—Si
CH_2
CH
H_3C CH_3
O_2N

DNB-Leucine CSP结构

4.9.3 试剂与仪器

试剂：正己烷，异丙醇，乙腈，DL-3,4-二羟基苯丙氨酸等。

仪器：制备型高效液相色谱仪，UV-200紫外检测器，DNB-Leucine制备型手性色谱柱（四川航嘉生物医药科技有限责任公司）。

4.9.4 实验步骤

① 配制流动相200mL [正己烷∶异丙醇=95∶5 (体积比)], 准确称取选择的5mg的DL-3,4-二羟基苯丙氨酸样品, 用相应的流动相配成质量浓度为80mg/mL的溶液待用。

② 开启色谱泵, 用流动相冲洗泵以置换泵中原有的流动相。

③ 按色谱柱上所标示的方向安装DNB-Leucine制备型手性色谱柱, 注意各管路连接的密闭性以防漏液, 此时流动相流速为零。

④ 调节流动相流速到所需数值 (具体视相应流动相黏度和温度而定), 待系统平衡、稳定。

⑤ 打开检测器, 调节检测波长至所需波长 (254nm), 等待基线平稳。

⑥ 按“操作规程”说明进入色谱工作站, 参考样品在相应分析柱上的保留时间设定所需分析时长。

⑦ 待基线成一平稳直线后, 将清洁干燥的进样器以样品溶液润洗2～3次, 吸取适量的样液, 排气并定容至设定的进样体积5μL, 准备进样。

⑧ 按一下检测器上的“自动回零”按钮, 等“基线”回零后, 取下进样阀保护针, 由INJECT位扳到LOAD位, 插入进样针, 迅速进样并扳回INJECT位, 进样完毕。

⑨ 根据对映体出峰时间, 调节收集阀的旋钮, 使流动相进口管路分别与1#～4#管路中的两个管路相连, 收集相应的对映体组分。注意: 因为从检测器到馏分收集阀还有一段管路, 所以从出峰到调节收集阀之间应该有一个时间延迟, 这个时间延迟和这段管路的死体积及流动相速率有关。

⑩ 需重复进样分离时, 按⑦～⑨步重复操作即可。

⑪ 分离操作完毕, 关闭色谱系统。

4.9.5 实验结果与讨论

① 记录实验条件、过程、样品两对映体出峰时间等。

② 收集两对映体馏分, 测定旋光度以计算其光学纯度。

③ 比较不同物质在DNB-Leucine CSP上的拆分情况, 初步理解手性物与手性固定相之间的手性识别过程机理。

思 考 题

试说明如何根据相应的分析型高效液相色谱手性固定相拆分数据, 从给定的一组外消旋手性物中选取制备型高效液相色谱拆分对象?

(四川大学 宋航, 张义文编写)

5 植物药物

5.1 白芷中香豆素的提取

5.1.1 学习目标

- 掌握连续回流提取法的原理和方法；
- 掌握重结晶的原理和方法。

5.1.2 实验原理

白芷（radix angelicae dahuricae）为伞形科植物白芷和杭白芷的干燥根。具有散风除湿、通窍止痛、消肿排脓的功能。白芷中的主要有效成分为香豆素类化合物。用单味白芷的提取物（其中主要是香豆素类化合物）制成的制剂对功能性头痛、白癜风的临床疗效较好。异欧前胡素（1）和欧前胡素（2）为白芷的主要有效成分，其结构为

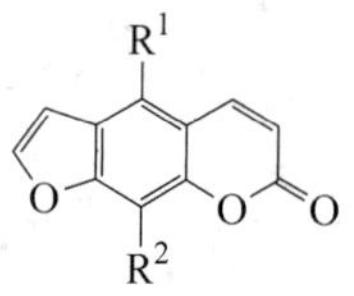

1: $R^1 = O—CH_2—CH{=}C(CH_3)_2$，$R^2 = H$

2: $R^1 = H$，$R^2 = O—CH_2—CH{=}C(CH_3)_2$

常见的提取方法有：溶剂提取法、水蒸气蒸馏法、升华法。其中，溶剂提取法应用最广。溶剂提取法的原理：根据相似相溶原理，选择与化合物极性相当的溶剂将化合物从植物组织中溶解出来，同时，由于某些化合物的增溶或助溶作用，其极性与溶剂极性相差较大的化合物也可溶解出来。溶剂提取法一般包括浸渍法、渗漉法、煎煮法、回流提取法和连续回流提取法等，其使用范围和特点各有所不同。连续回流提取法具有提取效率高、溶剂用量少等优点。

本实验利用连续回流提取法提取白芷中的香豆素。

5.1.3 试剂与仪器

试剂：乙醇，白芷粗粉，石油醚，乙醚，蒸馏水，丙酮。

仪器：烧杯，圆底烧瓶，三角烧瓶，索氏提取器，电子天平，恒温水浴，硅胶薄层板，色谱缸，球形冷凝管，真空泵。

5.1.4 实验步骤

（1）白芷中香豆素的提取　取白芷粗粉 30g，置于索氏提取器中，加入 95%的乙醇

300mL，80℃恒温水浴回流2h，提取液减压浓缩至糖浆状，用丙酮溶解并转移至50mL三角烧瓶中，放置析晶，抽滤后，再重结晶，所得产品干燥称重，计算得率。

（2）产品的薄层色谱鉴定

色谱材料：硅胶薄层板。

点样：产品，欧前胡素和异欧前胡素标准品。

展开剂：石油醚-乙醚（1∶1）。

显色：置紫外光灯（365nm）下，观察斑点的颜色。

展开方式：预饱和后，上行展开。

5.1.5 注意事项

抽滤操作要小心。

5.1.6 实验结果与讨论

① 记录实验条件、现象、图谱、斑点颜色、各试剂用量及产品的质（重）量。

② 产品为无色晶体。

③ 计算产率。

思 考 题

1. 连续回流提取法的原理是什么？有何特点？
2. 对比浸渍法、渗漉法、煎煮法、回流提取法和连续回流提取法的使用范围和特点。

（四川大学 李延芳编写）

5.2 黄连素的提取、分离工艺过程

5.2.1 学习目标

- 掌握溶剂法提取生物碱的原理和方法；
- 掌握黄连素（通用名为小檗碱 berberin）的纯化和鉴定方法。

5.2.2 实验原理

黄连为我国名贵药材之一，为毛茛科多年生草本植物黄连 *Coptis chinensis* Franch、三角叶黄连 *C. deLtoides* C. Y. Cheng et Hsiao 或云连 *C. teetoides* C. Y. Cheng 的根茎及根须，具有清热燥湿、泻火解毒的功效，其抗菌力很强，对急性结膜炎、口疮、急性细菌性痢疾、急性肠胃炎等均有很好的疗效。黄连中含有多种生物碱，除以黄连素为主要有效成分外，尚含有巴马汀、药根碱、小檗胺、木兰碱、棕榈碱和非洲防己碱等。随野生和栽培及产地不同，黄连中黄连素的含量为4%～10%。含黄连素的植物很多：如黄柏、三颗针、伏牛花、白屈菜、南天竹等均可作为提取黄连素的原料，但以黄连和黄柏含量为高。

黄连素是黄色的针状结晶，含有5.5分子结晶水，在100℃干燥后，失去分子结晶水而转为棕红色。微溶于水和乙醇，较易溶于热水和热乙醇中，几乎不溶于乙醚。黄连素具有

2-羟胺的结构，能表现季铵式、醇式、醛式三种互变结构式，其中以季铵式状态最稳定。其结构为

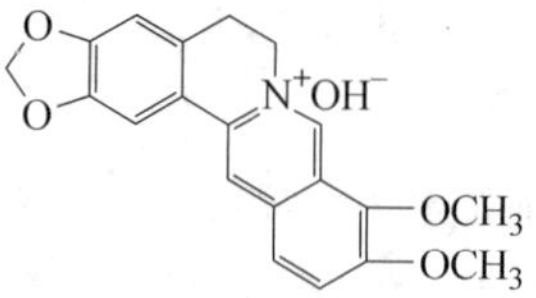

在自然界，黄连素多以季铵盐的形式存在。其盐酸盐、氢碘酸盐、硫酸盐、硝酸盐均难溶于冷水，易溶于热水，其各种盐的纯化都比较容易。黄连素盐酸盐在临床上作为消炎抗菌药，近年来还发现其具有降血糖、抗心律失常的功效。

由于黄连素具有很高的药用价值，所以开发利用较早，目前比较成熟的提取工艺为酸水法、石灰水法和醇提法。本实验以黄柏为原料，利用黄连素易溶于热乙醇、难溶于冷乙醇（1∶100）的性质，以热乙醇为溶剂将黄连素提出，然后转化为盐酸盐析出。

5.2.3 试剂与仪器

试剂：川黄柏细粉，95%乙醇，冰醋酸，浓盐酸，丙酮，石灰乳。

仪器：圆底烧瓶，烘箱，电子天平，抽滤瓶，布氏漏斗，真空泵，球形冷凝管，电热恒温水浴锅。

5.2.4 实验步骤

① 称取 20g 川黄柏细粉，放入 500mL 圆底烧瓶中，加入 250mL 乙醇，静置浸泡 1h，装上回流冷凝管，热水浴加热回流 0.5h，抽滤。

② 滤渣重复上述操作处理两次，合并三次所得滤液，减压浓缩至棕红色糖浆状。

③ 加入 1%冰醋酸（40～50mL）于圆底烧瓶中，加热使糖浆状物质溶解，抽滤以除去不溶物。

④ 于溶液中滴加浓盐酸，至溶液混浊为止（约需 15mL），放置冷却（最好用冰水冷却），即有黄色针状体的黄连素盐酸盐析出（如晶体不好，可用水重结晶一次）。

⑤ 抽滤，结晶用冰水洗涤两次，再用丙酮洗涤一次，然后将粗品加热水至刚好溶解煮沸，用石灰乳调节 pH 为 8.5～9.8。冷却，滤除杂质，继续冷却至室温以下即有黄连素结晶析出。

⑥ 抽滤，得到黄色小檗碱结晶，在 60℃的烘箱中烘干，称重。

5.2.5 注意事项

① 加醋酸时，要使糖浆状物质完全溶解（可采用加热或振摇），否则产率可能降低。

② 滴加浓盐酸时，要一边滴加一边振摇。如果太少，晶体出来得慢，甚至有的不能形成盐酸盐，溶在溶剂中出不来，这样会损失产品；如果太多，晶体出来太快，晶型不好，而且杂质跟着结晶出来，会导致产品纯度降低。

5.2.6 实验结果与讨论

① 记录实验条件、过程、各试剂用量及产品的重量。

② 产品为黄色针状晶体。

③ 计算产品的理论产量和实际得率。

思　考　题

1. 黄连素为何种类型的生物碱?
2. 请查阅文献后说明酸水法、石灰水法提取黄连素的原理。
3. 比较酸水法、石灰水法和醇提法提取黄连素的优缺点。

（四川大学　李延芳编写）

5.3　芦丁的提取和鉴定

5.3.1　学习目标

- 掌握碱溶酸沉淀提取黄酮类化合物的原理和方法；
- 掌握黄酮类化合物的一般鉴别原理及方法。

5.3.2　实验原理

槐花米为一常用中药，为豆科植物槐（*Sophora japonica* L.）的干燥花蕾，自古作为止血药，具有清肝泻火、治疗肝热目赤、头痛眩晕的功效，也用于治疗子宫出血、吐血、鼻出血。槐花米中主要含有黄酮类成分，其中芦丁的含量高达12%～20%，另含有少量的皂苷。

芦丁亦称芸香苷，有减少毛细血管通透性的作用，临床上主要为防治高血压的辅助治疗药物，此外芦丁对于放射线伤害所引起的出血症亦有一定作用。其广泛存在于植物中，现已发现含有芦丁的植物有70多种，其中以槐花米和荞麦叶中含量较高，可作为提取芦丁的原料。

槐花米中已知主要成分的结构和性质如下。

芦丁（rutin）　$C_{27}H_{30}O_{6}\cdot 3H_{2}O$ 淡黄色针状结晶，（25℃）mp为177～178℃，无水物的mp为188～190℃，214～215℃发泡分解。溶解度：热水（1∶200），冷水（1∶8000），热乙醇（1∶30），冷乙醇（1∶300），微溶于乙酸乙酯、丙酮，不溶于苯、氯仿、乙醚、石油醚等溶剂，易溶于碱液，呈黄色，酸化后又析出，可溶于硫酸和盐酸，呈棕黄色，加水稀释又可析出。

槲皮素（quercetin）　$C_{15}H_{10}O_{7}\cdot 2H_{2}O$ 黄色结晶，mp为313～314℃，无水物的mp为316℃。溶解度：热乙醇（1∶23），冷乙醇（1∶290），可溶于吡啶、乙酸乙酯、甲醇、丙酮、冰醋酸等溶剂，不溶于苯、氯仿、乙醚、石油醚和水。

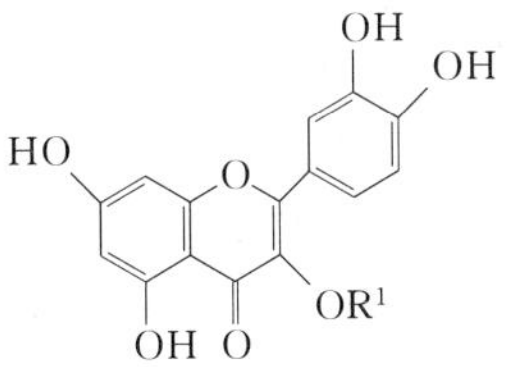

R^1=rha(1-6)glc-　芦丁

本实验第一种方法是利用芦丁在冷热水中的溶解度差异进行提取；第二种方法是利用芦丁分子中具有酚羟基，显弱酸性，在碱水中成盐增大溶解能力，用碱水为溶剂煮沸提取，提取液加酸酸化后又成为游离的芦丁而析出，利用芦丁对冷水和热水的溶解度相差悬殊的特性进行精制，并通过显色反应和纸色谱法进行检识。学生分为两组，一组用第一种方法，另一组用第二种方法，进行对照，比较两种提取方法的优缺点。

5.3.3 试剂与仪器

试剂：硼砂，槐花米粗粉，石灰乳，尼泊金，蒸馏水，正丁醇，醋酸，乙醇，三氯化铝，α-萘酚，浓硫酸，金属镁粉，盐酸。

仪器：烧杯，新华色谱滤纸，纱布，电炉，圆底烧瓶，三角烧瓶，玻璃棒，电子天平，抽滤瓶，布氏漏斗，真空泵，分液漏斗，三用紫外分析仪，试管，冰箱。

5.3.4 实验步骤

（1）芦丁的提取

① 水提取法　取槐花米粗粉 20g（压碎），置于 500mL 烧杯中，加沸水 300mL。加热煮沸 30min，补充失去的水分，用 4 层纱布趁热过滤，滤渣同法重复提取一次。合并滤液，放置冰箱中析晶，待全部析出后减压抽滤，用去离子水洗芦丁结晶，抽干，放置空气中自然干燥得粗芦丁，称重。

② 碱溶酸沉法　取槐花米粗粉 20g（压碎），置于 500mL 烧杯中（用冷水快速清洗去掉泥沙等杂质，用纱布滤干水），加 0.4%硼砂水沸腾溶液 200mL。在搅拌下以石灰乳调至 pH=8～9，加热微沸 30min，补充失去的水分，并保持 pH=8～9，倾出上清液，用 4 层纱布过滤，重复提取一次。合并滤液，将滤液用 6mol/L 盐酸调 pH=5 左右，再加 0.5mL 尼泊金，放置析晶，过夜。抽滤，用水洗 3～4 次，放置空气中自然干燥得粗芦丁，称重。

（2）芦丁的精制　取粗芦丁 2g，加 400mL 蒸馏水，煮沸至芦丁全部溶解，趁热立即抽滤，放置冷却。冷却后即可析出结晶，抽滤得芦丁精制品。

（3）芦丁的鉴别　取芦丁精制品约 10mg，用 5mL 乙醇溶解，制成样品溶液。

① 三氯化铝纸片反应　在一张滤纸条上滴加样品溶液后，加 1%三氯化铝乙醇溶液两滴，于紫外光灯下观察荧光变化，记录现象。

② Molish 反应　取样品溶液 1mL 加 10% α-萘酚溶液 1mL，振摇后斜置试管，沿管壁滴加浓硫酸，静置，观察并记录液面交界处的颜色变化。

③ 盐酸-镁粉反应　取样品溶液少量于试管中，加入金属镁粉少许，盐酸 2～3 滴，观察并记录颜色变化。

④ 芦丁的纸色谱鉴定

色谱材料：新华色谱滤纸。

点样：样品溶液和芦丁标准品的乙醇溶液。

展开剂：正丁醇-醋酸-水（4∶1∶5）上层溶液。

展开方式：预饱和后，上行展开。

显色：喷三氯化铝试剂前后，置日光及紫外光（365nm）灯下检视色斑的变化。

5.3.5 注意事项

① 精制时一定要趁热抽滤。

② 用石灰乳调节 pH 值时，要小心，不能太高或太低。

③ 重结晶时，若结晶色泽呈灰绿色或暗黄色，表示杂质未除尽。

5.3.6 实验结果与讨论

① 记录实验条件、现象、图谱、斑点颜色、各试剂用量及产品芦丁的重量。

② 产品为浅黄色晶体。

③ 计算芦丁的理论产量和实际得率。

思 考 题

1. 黄酮类化合物还有哪些提取方法？
2. 对比两种提取方法的优缺点。
3. 如果产品的实际得率不高，可能的原因是什么？

（四川大学 李延芳编写）

5.4 大孔吸附树脂分离技术在生物制药中的应用

5.4.1 学习目标

- 掌握大孔吸附树脂的性质和使用原理；
- 学习用大孔吸附树脂分离天然亲水性成分的工艺过程以及工艺参数优化方法。

5.4.2 实验原理

白头翁（*Pulsatilla chinensis*）为常用传统中药，其味苦、性寒，有清热解毒、凉血止痢等功效，现代药理学研究表明其具有抗阿米巴原虫、抗菌、抗滴虫、抗肿瘤作用。白头翁中主要含有皂苷类成分。

大孔吸附树脂是一种不含交换基团的具有大孔结构的高分子吸附剂，是一种亲脂性物质，具有各种不同的表面性质，依靠分子中的亲脂键、偶极离子及氢键的作用，可以有效地吸附具有不同化学性质的各种类型化合物，同时也容易解吸附。大孔吸附树脂按极性强弱分为极性、中极性和非极性三种。大孔吸附树脂具有吸附速度快，选择性好，吸附容量大，再生处理简单，机械强度高等优点。根据反相色谱和分子筛原理，对大分子亲水性成分吸附力弱，对非极性物质吸附力强，适用于亲水性和中等极性物质的分离，可除去混合物中的糖和低极性小分子有机物，被分离组分间极性差别越大，分离效果越好。一般用水、含水甲醇或乙醇、丙酮洗脱，最后用浓醇或丙酮洗脱，再生时用甲醇或乙醇浸泡洗涤即可。

本实验采用D101型大孔吸附树脂提取分离白头翁中的皂苷。

5.4.3 试剂与仪器

试剂：D101型大孔吸附树脂，乙醇，白头翁粗粉，正丁醇，醋酸，乙醚，蒸馏水，硫酸，活性炭。

仪器：烧杯，漏斗，三角烧瓶，索氏提取器，电子天平，恒温水浴，硅胶薄层板，色谱柱，色谱缸。

5.4.4 实验步骤

(1) 大孔吸附树脂的预处理　取D101型大孔吸附树脂100g于500mL索式提取器中，用150mL乙醇回流3h，待回流液1份加3份水无混浊时，取出树脂沥干乙醇，放入蒸馏水中，浸泡待用。

(2) 皂苷的提取　取粉碎后得到的白头翁药材粗粉50g，加入200mL工业酒精回流2h，过滤，再重复提取一次，合并滤液，回收乙醇至10mL，加50mL乙醚沉淀，倒出上清液，过滤，沉淀用水溶解，活性炭脱色，过滤，滤液上柱。

(3) 色谱分离　取一玻璃柱，下端塞上棉花，湿法装入已处理好的60g大孔吸附树脂，上端再加少许棉花，取总皂苷液上柱，用水200mL洗脱，再用20%、50%、95%乙醇各200mL洗脱，至洗脱液中不含皂苷，收集各洗脱液。洗脱液20%、50%乙醇部分各取10mL于水浴加热蒸发浓缩至2mL点样；95%乙醇部分于水浴回收至小体积（约30mL）点样用。

(4) 产品的薄层色谱鉴定

色谱材料：硅胶薄层板。

点样：20%乙醇浓缩液、50%乙醇浓缩液、95%乙醇浓缩液。

展开剂：正丁醇-醋酸-水（4∶1∶1）。

展开方式：预饱和后，上行展开。

显色：10%硫酸液105℃显色。

5.4.5 注意事项

- 配制展开剂时要充分摇匀。
- 用乙醚沉淀时要一边搅拌一边倒入乙醚，使沉淀完全。
- 乙醚沸点低，要注意安全。

5.4.6 实验结果与讨论

记录实验条件、现象、图谱、斑点颜色、各试剂用量及产品的重量。

思 考 题

1. 大孔吸附树脂法提取分离皂苷的原理是什么？有何特点？
2. 为什么要进行大孔吸附树脂的预处理？

（四川大学　李延芳编写）

5.5 葛根素的提取

5.5.1 学习目标

- 了解葛根素的性质及用途；
- 掌握植物天然产物葛根素提取与分离的基本原理和方法；
- 通过本实验的具体操作，加深对影响天然产物提取的主要因素的了解和认识；
- 掌握提取分离过程中葛根素的分析检测方法。

5.5.2 实验原理

葛根素是中药葛根中的主要成分，是在异黄酮的母核2-苯基色原酮C_8位上连接上D-葡萄糖而形成的物质，结构式为

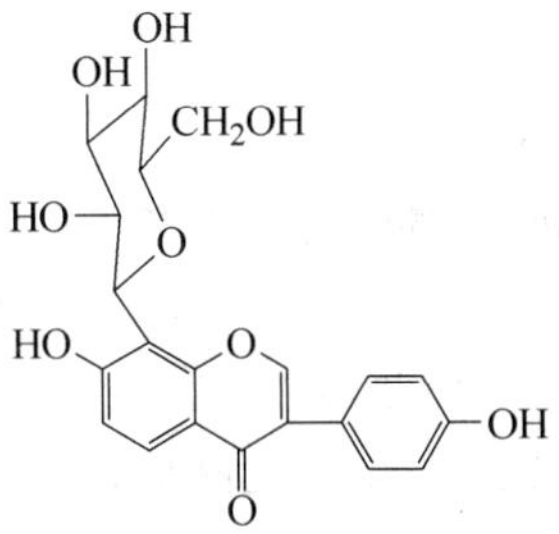

国内外对葛根素的广泛研究及临床实践证明，葛根素具有很强的药理和保健功能。如能扩张冠脉及脑血管；改善冠脉循环，降低心肌耗氧量；抑制血小板凝聚等。另外还有降血糖作用及解酒作用。

黄酮类化合物的溶解度因结构及存在状态（苷或苷元、单糖苷、双糖苷、或三糖苷）不同而有很大差异。一般游离苷元难溶于或不溶于水，易溶于有机溶剂及稀碱水溶液中。黄酮类化合物的羟基糖苷化后，水溶度即相应加大，而在有机溶剂中的溶解度则相应减小。因此黄酮苷一般易溶于水、甲醇、乙醇等强极性溶剂中，而难溶于或不溶于苯、氯仿等有机溶剂中。故此，本实验首先用水从葛根中浸提出主要为葛根异黄酮苷类化合物的葛根浸膏，然后将浸膏溶于稀酸中水解，得到葛根素和大豆苷元。水解后的酸性溶液中，葛根素和大豆苷元以可溶性盐的形式存在，通过过滤，可以将不溶性杂质去除。然后再利用葛根素易溶于水、大豆苷元易溶于有机溶剂的性质，用乙酸乙酯对酸水解液进行萃取，从而有效地将葛根素分离出来。

5.5.3 试剂与仪器

试剂：盐酸，乙酸乙酯，块状或粉状野生葛根。

仪器：恒温磁力搅拌器，紫外分光光度计，天平，离心机，旋转蒸发仪，循环水式真空泵，抽滤瓶，电热烘箱，粉碎机，圆底烧瓶，烧杯，容量瓶，移液管，分液漏斗，量筒紫外分光光度计，石英比色皿等。

5.5.4 工艺过程及操作方法

（1）浸提　称取一定重量过 80～120 目筛的葛根粉，加入其重量 4～10 倍的水，在温度 50～80℃下搅拌浸提 2～5h，离心分离得到含葛根异黄酮苷类化合物的葛根浸提液。用葛根粉重量 0～6 倍的水将不同条件下得到的浸提液加至等体积，分别取样分析其吸光度。

（2）浓缩干燥　将浸提液在 60～80℃下真空蒸发浓缩，得到红褐色浸膏，浸膏在 80～100℃下真空干燥至恒重称重。

（3）酸水解　向称重后的葛根异黄酮浸膏粉中加入其重量 4～8 倍的 3%～11% HCl 溶液，加热回流 2～6h。水解液趁热过滤。

（4）萃取　将过滤后的水解液放至室温，用其体积 0.5 倍的乙酸乙酯萃取两次。萃取时有机层在上，大豆苷元溶解于其中，呈浅黄色；水层在下，葛根素溶解于其中，呈红褐色。分别收集有机层和水层。

（5）蒸发浓缩　将收集的水相在 60～80℃下真空蒸发浓缩成稠的膏状物。

（6）干燥　将膏状物放入真空干燥箱中，在 80～100℃下真空干燥至恒重，得到葛根素粗品。

（7）包装保存　将干燥好的葛根素粗品转移至自封塑料袋中，称重，取样后立即密封，置入玻璃干燥器中于室温下保存。

5.5.5 注意事项

① 浸提时要控制好温度、液固比及时间等参数，才能准确反映出不同浸提条件下的浸提情况。

② 水解液趁热过滤要快，不然难以过滤。

③ 真空蒸发浓缩时须用水浴锅加热且要控制好水浴温度，以避免温度过高器壁上出现糊化现象。

5.5.6 葛根素的分析检测方法

葛根素的水溶液在 250nm 下具有吸收最高峰。因此用纯水做稀释剂，在 250nm 下测定溶液的吸光度。由于光程一定时，低浓度下吸光度和溶液浓度成正比，因此本实验以测得的吸光度定性地对浸提液的浓度及产品纯度进行分析比较。

本实验采用 1cm 的石英比色皿，用紫外分光光度计测定。

浸提液分析：将离心得到的浸提液用移液管移取 1mL，用纯水稀释 1000 倍，用纯水做参比液，用 1cm 石英比色皿在 250nm 下测量其吸光度。

粗品分析：准确称取 10mg 葛根素粗品，用纯水溶解定容至 100mL，用纯水做参比液，用 1cm 石英比色皿在 250nm 下测量其吸光度。

5.5.7 实验数据处理

(1) 浸提正交实验 将浸提正交实验数据填入表 5-1 中。

表 5-1 浸提正交实验数据

实验编号	浸提温度/℃	浸提时间/h	物料比/(g/mL)	浸提液吸光度	浸膏干重/g	综合结果（吸光度×浸膏干重）
1	50	2	1∶4			
2	50	3	1∶6			
3	50	4	1∶8			
4	50	5	1∶10			
5	60	2	1∶6			
6	60	3	1∶4			
7	60	4	1∶10			
8	60	5	1∶8			
9	70	2	1∶8			
10	70	3	1∶10			
11	70	4	1∶4			
12	70	5	1∶6			
13	80	2	1∶10			
14	80	3	1∶8			
15	80	4	1∶6			
16	80	5	1∶4			

试根据上述数据进行极差分析，并分别对浸提液吸光度（浓度）、浸膏干重及综合结果的影响因素进行排序。

（2）酸水解实验　将酸水解实验数据填入表 5-2 中。

根据上述数据，分别作出一定条件下酸水解溶液的不同倍数、不同盐酸浓度以及不同酸水解时间与葛根素粗品吸光度、重量及综合结果的关系曲线图。

表 5-2　酸水解实验数据

实验编号	实验条件			实验结果		
	溶液倍数	盐酸浓度/%	酸水解时间/h	粗品吸光度	粗品重量/g	综合结果(吸光度×重量)
2-1-1	4	7.0	4			
2-1-2	5	7.0	4			
2-1-3	6	7.0	4			
2-1-4	7	7.0	4			
2-1-5	8	7.0	4			
2-2-1	6	3.0	4			
2-2-2	6	5.0	4			
2-2-3	6	7.0	4			
2-2-4	6	9.0	4			
2-2-5	6	11.0	4			
2-3-1	6	7.0	2			
2-3-2	6	7.0	3			
2-3-3	6	7.0	4			
2-3-4	6	7.0	5			
2-3-5	6	7.0	6			

思　考　题

1. 提取分离葛根素的基本原理是什么？
2. 你认为影响植物天然产物提取的因素都有哪些？怎样能提高其提取率？
3. 葛根素的提取与分离还有哪些方法？各有何特点？

（四川大学　兰先秋编写）

5.6　芦荟粗多糖的提取和含量测定

5.6.1　学习目标

- 掌握水提醇沉法提取多糖的原理和方法；
- 掌握分光光度法测定多糖含量的原理和方法。

5.6.2　实验原理

芦荟为百合科多年生长绿色草本植物。原产地主要是非洲，属温带植物，目前多为种植。芦荟中含有 20 多种蒽醌类化合物如芦荟大黄素苷（aLoin）、芦荟大黄酚、芦荟大黄素、多糖（水解后产生甘露糖、葡萄糖）、有机酸（琥珀酸、柠檬酸、异柠檬酸、乳酸等)、蛋白质、多肽、游离的氨基酸、多种微量元素（硼、铜、铁、钙、锰、钼、锌、镁、镍、钛、锶等)、维生素（VA、VB、VC、VE、胡萝卜素及有机金属离子与维生素的化合物)、叶绿素、树脂、多种活性酶及甾类化合物等具有特定功能的高活性成分。

芦荟作为中药已被应用近千年，已发现的药理作用有止泻、抗菌、抗炎、保肝、抗肿瘤、抗组织损伤等。近年来被广泛应用于保健食品、化妆品和药品领域。

本实验采用水提醇沉法提取芦荟多糖，用苯酚-硫酸比色法测定多糖粗提物中的总糖含量。

5.6.3 试剂与仪器

试剂：芦荟鲜叶，盐酸，无水乙醇，丙酮，乙醚，葡萄糖对照品，苯酚，浓硫酸。

仪器：烧杯，移液管，量筒，容量瓶，烘箱，玻璃棒，旋转蒸发仪，电子天平，真空泵，电热恒温水浴锅，紫外-可见分光光度计，高速离心机，真空冷冻干燥机。

5.6.4 实验步骤

(1) 取芦荟鲜叶 50g，洗净，去掉叶尖和叶底，在蒸馏水中浸泡 0.5h，以除去由表皮渗出的黄色液汁。然后切去表皮，将内层凝胶置于烧杯中，加入 3 倍量蒸馏水，置于 55℃恒温水浴锅中加热浸提 4h。

(2) 浸提液离心分离（2500r/min，5min）并过滤，将所得液汁减压浓缩，用 6mol/L 的盐酸调 pH 值 3.2 左右，向经过调酸处理的芦荟凝胶浓缩汁中缓慢加入 6 倍量的 95%乙醇，边加边搅拌需要 15～30min，室温下静置 2h，离心分离（2500r/min，7min）得多糖沉淀。依次用乙醇、丙酮和乙醚洗涤，然后真空干燥，最终得到的沉淀即为芦荟多糖粗品。

(3) 精密称取 105℃干燥至恒重的无水葡萄糖 100mg 于 100mL 容量瓶中，加水溶解，并稀释至刻度，作为对照品溶液。此标准溶液 1.0mL 含葡萄糖 1.0mg。

(4) 精密量取该溶液 0.5mL、1.0mL、2.0mL、3.0mL、4.0mL、5.0mL 分别置于 100mL 容量瓶中，加蒸馏水定容，吸取上述溶液各 2.0mL，再加入 5%苯酚溶液 1.0mL，摇匀。迅速加入浓硫酸 5.0mL，摇匀。室温放置 5min，90℃水浴加热 15min，冷却至室温，以蒸馏水作参比，测定在波长 490nm 处的吸光度，得浓度（c）与吸光度（A）的线性回归方程。

(5) 精密称取干燥至恒重的芦荟粗多糖 10mg 于 100mL 量瓶中，加水溶解并稀释至刻度。取 1.0mL，加入 5%苯酚溶液 2.0mL，然后按第（4）步操作，测定其吸光度。并由标准曲线方程求出溶液浓度，得出芦荟粗多糖中的总糖含量。

5.6.5 注意事项

① 加入乙醇沉淀多糖时要边加边搅拌，时间要长一些。

② 无水葡萄糖要干燥至恒重。

5.6.6 实验结果与讨论

① 记录实验条件、过程和实验现象。

② 计算粗多糖中总糖的含量。

③ 用坐标纸描绘出标准曲线。

思 考 题

1. 为什么要在醇沉之前调 pH 值？
2. 本实验用苯酚-硫酸比色法测定多糖粗提物中总糖含量的原理是什么？

（四川大学 李延芳编写）

5.7 银杏外种皮中活性成分黄酮的提取和测定

5.7.1 学习目标

- 熟悉银杏外种皮中黄酮的提取方法和工艺；
- 掌握分光光度法测定物质含量的方法；
- 掌握银杏外种皮活性成分分离纯化工艺流程。

5.7.2 实验原理

（1）银杏外种皮中的主要成分　银杏外种皮中的主要成分和银杏叶中的一样，有银杏黄酮（ginkgetin）、银杏酚（bilobol）、银杏酸（ginkgoic acid）、银杏内酯（ginkgolide）、白果酚（ginkgol）五大类几十种有机化合物，广泛应用于医药、化妆品、生物农药等各种产品的开发和生产领域。黄酮类化合物是其中最重要的活性成分，具有扩张冠状动脉、降低血清胆固醇、增加脑血流量、改善心脑血管循环、清除体内自由基、抑制脂质过氧化、延缓皮肤衰老、减少黑色素形成的作用，其在外种皮中的含量为 0.1%～0.8%。银杏内酯是一种特异的血小板活化因子拮抗剂，对脑功能障碍、智力衰退、末梢血管血流不畅等症状有明显的减缓作用。

（2）基本提取原理　天然植物有效成分分离提取的方法主要有以下几种类型：①根据分子极性大小及溶解度不同的分离方法，常用方法有溶剂提取法、超临界流体萃取法、等电点沉淀法和盐析法等；②根据分子形态和大小不同的分离方法，常用的方法有差速离心与超离心法、膜分离法和凝胶过滤法等；③根据分子电离（带电性）差异的分离方法，例如离子交换法、电泳法和等电聚焦法等；④根据物质吸附性质不同的分离方法，常见的方法有选择性吸附法与吸附色谱法。

根据活性成分的特性，本实验中主要采用了简单易行、比较常用的溶剂提取法来进行有效成分的提取。溶剂提取法按其实现方式和操作工艺的不同，可分为以下几种：①浸渍法；②渗漉法；③煎煮法；④回流提取法等。由于回流提取法是利用易挥发的有机溶剂进行加热提取，并采用冷却装置使溶剂连续回流，使植物有效成分能充分提出，且此法简单易行，溶剂用量少，提取较完全，故本实验采用回流提取法。

（3）提取工艺　采取回流提取法从银杏外种皮中提取黄酮的工艺流程如图 5-1 所示。回流提取过程实验装置如图 5-2 所示。

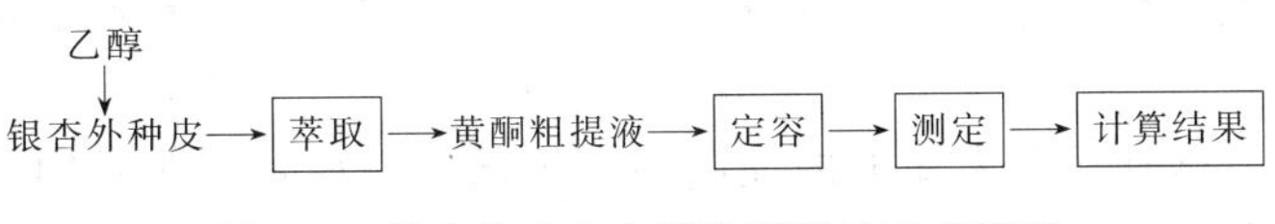

图 5-1　银杏外种皮中提取黄酮的工艺流程

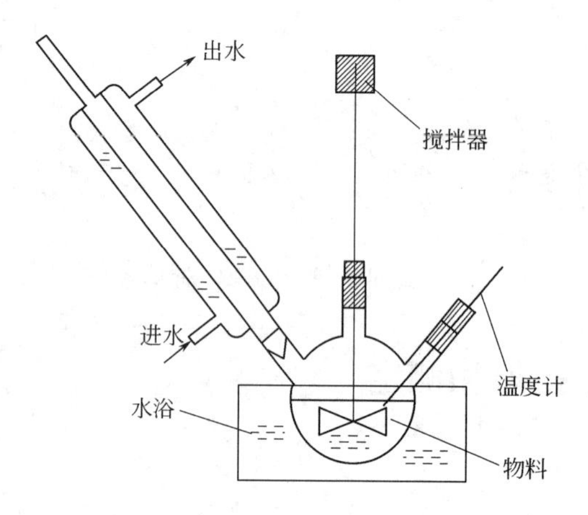

图 5-2 回流提取过程实验装置

(4) 分光光度法测定原理　分光光度法既能进行定性又能进行定量测定，它是根据物质对紫外区域的光或可见光的选择吸收性，进行物质定性、定量分析的一种方法。分光光度法测定物质含量的条件主要是显色反应的条件和测量吸光度的条件。显色反应的条件有显色剂用量、介质的酸度、显色时溶液的浓度、显色时间等；测量吸光度的条件包括应选择的入射光波长、吸光度范围和参比溶液等。

5.7.3 试剂与仪器

试剂：芸香叶苷标准品（纯度≥95%），银杏外种皮，乙醇，亚硝酸钠，硝酸铝，氢氧化钠。

仪器：紫外可见分光光度计，粉碎机，烘箱，分析天平，恒温水浴锅，搅拌器，搅拌桨叶，升降架，冷凝管，温度计（量程 100℃），真空泵，三口烧瓶（100mL），容量瓶（10mL、50mL）。

5.7.4 实验步骤

(1) 银杏黄酮的提取

① 将银杏外种皮干燥，粉碎，筛分，精确称量 20 目的外种皮样品 10g。

② 将其和 35mL 70%乙醇水溶液加入 100mL 带搅拌装置、冷凝管和温度计的三口烧瓶中进行回流提取，在 50℃搅拌提取 2h。

③ 将粗提液过滤、抽滤，再用 70%乙醇定容至 50mL。

④ 定容液（未知液）中黄酮类化合物的含量用紫外可见分光光度计测定。

(2) 银杏黄酮的测定

① 标准溶液的配制　精确称取芸香叶苷标准品 5mg，置于 50mL 容量瓶中，加入适量 60%乙醇，在水浴上加热溶解，自然冷却，用 60%乙醇稀释至刻度，摇匀。

② 标准曲线的制作　取 10mL 容量瓶 6 只，分别准确吸取标准溶液 1.0mL、2.0mL、3.0mL、4.0mL、5.0mL 置于 10mL 容量瓶中，另一容量瓶中不加标准溶液（配制空白溶液，作参比）。然后各加 30%乙醇补充至 5mL，加入 5%亚硝酸钠溶液 0.3mL，摇匀，放置 6min，再加 10%硝酸铝溶液 0.3mL，摇匀，放置 6min，加 4% NaOH 溶液 4mL，用水稀释到 10mL，放置 20min。在紫外可见分光光度计上，先取两个 2cm 比色皿加空白溶液，调零。取出一个比色皿，分别加入不同浓度的溶液，在波长 510nm 处测定吸光度，以酮含量为横坐标，吸光度为纵坐标，绘制标准曲线。

③ 未知液中酮含量的测定　吸取 2mL 未知液代替标准溶液，其他步骤均同上，测定吸光度。由未知液的吸光度在标准曲线上查出 2mL 未知液中黄酮的含量。

5.7.5 注意事项

① 由于银杏黄酮含量较低，所以在提取中过滤定容的移液过程都需用乙醇洗三次，否则会造成含量偏低。

② 分析过程中，标准液及未知液的配制要充分摇匀和放置，防止因反应不充分或悬浮物不均匀而造成测量结果不准确。

5.7.6 实验结果与讨论（见表 5-3）

表 5-3 标准溶液的测定绘制与黄酮含量的测定

试液编号	标准溶液的量/mL	总含酮量/mg	吸光度 A
1	0	0	
2	1.0	0.1	
3	2.0	0.2	
4	3.0	0.3	
5	4.0	0.4	
6	5.0	0.5	
未知液			

思 考 题

1. 回流提取法的原理是什么？
2. 分光光度法测定的原理是什么？单光路分光光度计和双光路分光光度计在测定样品前调零时有什么不同？
3. 如果提取时间延长对最终黄酮的含量测定有什么影响？

（西北大学 李稳宏编写）

5.8 大枣中多糖的提取

5.8.1 学习目标

- 学习多糖的提取分离方法及工艺；
- 熟悉萃取、离心、蒸发、干燥等单元操作；
- 掌握苯酚-硫酸法鉴定多糖的方法。

5.8.2 实验原理

多糖化合物作为一种免疫调节剂，能激活免疫细胞，提高机体的免疫功能，而对正常的细胞没有毒副作用，在临床上用来治疗恶性肿瘤、肝炎等疾病。大分子植物多糖如淀粉、纤维素等多不溶于水，且在医药制剂中仅用作辅料成分，无特异的生物活性。而目前所研究的多糖，因其分子量较小，多可溶于水，但因其极性基团较多，故难溶于有机溶剂。

多糖的提取方法通常有以下三种。

（1）直接溶剂浸提法 这也是传统的方法，在我国已有几千年历史，如中草药的煎煮、中草药有效成分的提取。该方法具有设备简单、操作方便、适用面广等优点。但具有操作时间长，对不同成分的浸提速率分辨率不高、能耗较高等缺点。

（2）索氏提取法 在有效成分提取方面曾经有过较为广泛的应用，其提取原理：在索氏提取中，基质总是浸泡在相对比较纯的溶剂中，目标成分在基质内、外的浓度梯度比较大；在回流提取中，溶液处于沸腾状态，溶液与基质间的扰动加强，减少了基质表面流体膜的扩散阻力，根据费克扩散定律，由于固体颗粒内外浓度相差比较大，扩散速率较高，达到相同浓度所需时间较短，且由于每次提取液为新鲜溶剂，能提供较大的溶解能力，所以提取率较高。但索氏提取法溶剂每循环一次所需时间较长，不适合于高沸点溶剂。

（3）新型提取方法　随着科学技术的发展，近年出现了一些新的提取方法和新的设备，如超声波提取、微波提取以及膜分离集成技术，极大地丰富了中草药药用成分提取理论。此外还有透析法、柱色谱法、分子筛分离法及中空纤维超滤法等。

可根据原料及多糖的特点，设计不同的提取工艺。本实验采用直接溶剂浸提法提取大枣中多糖。

5.8.3 试剂与仪器

试剂：大枣，无水乙醇，浓硫酸，苯酚（常压蒸馏，收集182℃馏分），铝片，$NaHCO_3$等。

仪器：电热恒温水浴锅，电子天平，真空干燥箱，磁力搅拌器，低速离心机，旋转蒸发仪，水循环式真空泵，家用多功能粉碎机，锥形瓶，量筒，容量瓶，试管，移液管，玻璃棒，烧杯等。

5.8.4 实验步骤

（1）大枣多糖的提取

① 将大枣烘干，粉碎，称取枣粉10g，装入250mL的锥形瓶中，并加入200mL的蒸馏水。

② 开动磁力搅拌器搅拌，在80℃恒温水浴提取3h。

③ 将大枣提取液离心，得到上清液，并定容于200mL容量瓶中，从中移取10mL于10mL试管中，以备鉴定。

④ 剩余上清液在45℃下用旋转蒸发仪减压浓缩至原提取溶液体积的1/2，浓缩液中加220mL无水乙醇使溶液乙醇含量达到70%，静置2h后离心分离，收集多糖沉淀，加入多糖沉淀两倍体积的无水乙醇洗涤，离心分离后将沉淀物放入45℃真空干燥箱，干燥至恒重得大枣粗多糖。

⑤ 提取率计算

$$\text{提取率}=\frac{\text{干燥大枣粗多糖重量}}{\text{原枣粉重量}}\times 100\%$$

（2）多糖的鉴定

① 5%苯酚溶液的配制　取苯酚100g，加铝片0.1g和$NaHCO_3$ 0.05g，蒸馏收集182℃馏分，称取此馏分25g，加水475g，置于棕色瓶放入冰箱备用。

② 移取大枣多糖提取液三份各1mL，标为1#，2#，3#样，分别定容于50mL、100mL、200mL容量瓶中。

③ 分别移取1#、2#、3#多糖溶液1mL于10mL试管中，然后依次加入1.6mL 5%的苯酚溶液，7mL浓硫酸，振荡摇匀后室温冷却，观察溶液颜色变化。

5.8.5 实验结果与讨论

① 记录试验条件、过程、各试剂用量及产品的重量，并计算大枣中多糖的提取率，填写表5-4。

② 产品为暗红色固体。

③ 观察大枣多糖鉴定过程中的溶液颜色变化，记录试验现象，填写表 5-4。

表 5-4 大枣中多糖的提取率及鉴定结果

组　别	多糖重量	提取率	溶液颜色变化	
			1#	
			2#	
			3#	

思　考　题

1. 与不同小组的实验结果进行比较，讨论影响多糖提取实验结果的因素都有哪些？

2. 结合糖的性质，分析采用苯酚-硫酸法鉴定大枣多糖的原理，并讨论溶液颜色与多糖含量的关系。

（西北大学　樊君编写）

5.9 苦参生物碱的提取工艺条件

5.9.1 学习目标

- 了解离子交换树脂的性质和使用原理；
- 学习离子交换树脂的预处理与再生方法；
- 掌握用离子交换树脂分离、提纯生物碱的工艺过程。

5.9.2 实验原理

苦参（*sophora flavescens* ait）又名地槐、野槐，为豆科槐属植物。中药苦参为一常用中药，为苦参的干燥根，其味苦、性寒，有清热燥湿、杀虫等作用。苦参中主要含有生物碱和黄酮类成分。苦参生物碱是以苦参碱（matrine）为代表的一类化学结构相似的生物碱，此外还包括氧化苦参碱（oxymatrine）、脱氢苦参碱（槐果碱，sophocarpine）、异苦参碱、槐醇等。药理实验和临床用药均已证明了苦参生物碱有多种生理活性，对肝炎、病毒性心肌炎、肿瘤均有抑制作用，对癌细胞有直接的杀伤作用，还可用于治疗支气管哮喘及喘息。

苦参中主要已知生物碱的结构和性质为

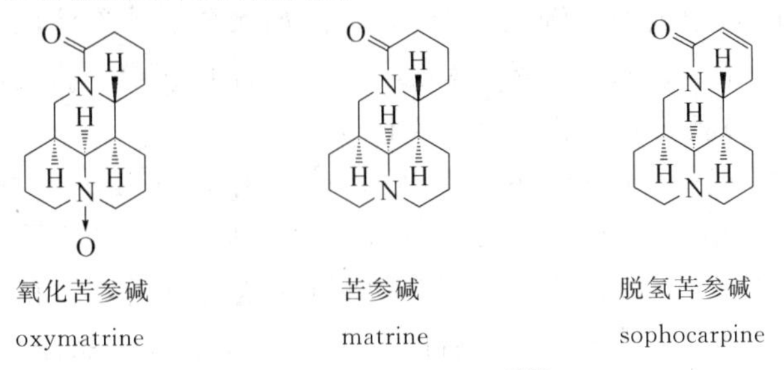

氧化苦参碱 oxymatrine　　苦参碱 matrine　　脱氢苦参碱 sophocarpine

氧化苦参碱（oxymatrine）　$C_{15}H_{24}N_2O_2$，$[\alpha]_D^{18℃}$ +47.7°（乙醇）。白色棱晶，溶于水，易溶于甲醇、乙醇、氯仿，不溶于乙醚、苯。mp：207～208℃（不含结晶水），162～163℃（含一个结晶水），77～78℃（含多个结晶水），结晶水可在 145～150℃下除去。可与

许多金属离子如 Fe^{2+}、Cu^{2+}、Cr^{3+} 等生成沉淀。

苦参碱（matrine） $C_{15}H_{24}N_2O$，$[\alpha]_D^{10℃}$ +39.1°（乙醇）。在石油醚中结晶时，由于温度等条件不同，可以得到 α、β、σ 三种晶型（熔点分别为 76℃、87℃、84℃）和一种流体型即 γ 型，通常室温下结晶得到的是 α 型，为针状或棱柱状结晶，易溶于水、甲醇、乙醇、氯仿，溶于苯，在乙醚中溶解度小。

脱氢苦参碱（槐果碱，sophocarpine） $C_{15}H_{22}N_2O$，$[\alpha]_D^{18℃}$ −29.4°（乙醇）。白色棱晶，易溶于甲醇、乙醇、氯仿，略溶于苯和乙醚，在水中溶解度小。mp：80～81℃。

离子交换树脂是一种在交联聚合物结构中含有离子交换基团的功能高分子材料。离子交换树脂法分离天然产物操作方便，生产连续化程度高，而且得到的产品往往纯度高，成本低，因而离子交换树脂广泛用于天然产物工业化生产，如氨基酸、肽类、生物碱、酚类、有机酸的分离。

本实验是利用离子交换树脂法的原理，以阳离子交换树脂作为固定相，提取苦参生物碱。

5.9.3 试剂与仪器

试剂：苦参粗粉，氢氧化钠，二氯甲烷，丙酮，无水硫酸钠，甲醇，氯仿，氨水，广泛 pH 试纸，蒸馏水，碘化铋钾，732 型阳离子交换树脂，盐酸。

仪器：电子天平，圆底烧瓶，烧杯，量筒，三角烧瓶，分液漏斗，玻璃棒，蒸发皿，抽滤瓶，布氏漏斗（滤纸），真空泵，玻璃色谱柱，索氏提取装置，溶剂蒸馏装置，电热恒温水浴锅，烘箱，硅胶薄层板。

5.9.4 实验步骤

（1）苦参生物碱的提取　称取粉碎后的苦参粗粉 300g，放入 1000mL 的烧杯中，缓慢加入 0.1%稀盐酸（质量/体积），边加边搅拌，排掉空气，使稀盐酸完全浸没药材，放置 30min 后，再补加 0.1%盐酸浸过药面，放置过夜。次日，将放置过夜的苦参浸泡液，用布氏漏斗分次抽滤，将滤好的苦参滤液（抽滤瓶中）倒入烧杯中。

（2）阳离子交换树脂的预处理　称取 100g 市售的阳离子交换树脂放入烧杯中，先加蒸馏水洗至水色较浅，再加入蒸馏水于 50℃水浴放置 1h，使之充分膨胀，倒出水后减压抽干，并加入 2mol/L 盐酸 300mL，不断搅拌，浸泡 1h，倾去酸水，再加 2mol/L 盐酸 350mL 浸泡过夜。

（3）苦参生物碱的交换　次日，将树脂装入色谱柱，使浸泡用的 2mol/L 盐酸全部通过树脂柱（4～5mL/min），用蒸馏水洗至 pH=4～5。加入全部苦参滤液，使之通过阳离子交换柱，流速控制在 2～3mL/min，用蒸馏水洗至中性，停止交换，将树脂倒入烧杯中，用蒸馏水洗涤几次，滤干。树脂放入搪瓷盘中自然晾干。

（4）总生物碱的洗脱　将晾干的树脂放入烧杯中，加 45mL 浓氨水，搅匀，静置 20min，装入索氏提取器中，用 250mL 二氯甲烷回流洗脱 4h，二氯甲烷提取液加入无水硫酸钠干燥，回收溶剂至干，残留物用 2～3 倍量丙酮完全溶解后，转移至 50mL 的小三角烧瓶中，加热使溶液澄清后放置。溶液放冷后即析出固体粉末（或晶体）；抽滤，得生物碱粗品，粗品用丙酮重结晶一次，得浅黄色总生物碱（产品）。

（5）总生物碱的含量测定　取重结晶后的产品，放入已知质量的蒸发皿中，在 60℃烘箱中烘 30min，取出，称重，按公式：总生物碱提取率（%）=（总生物碱质量/生药粉末质量)×100%，计算总生物碱提取率。

(6) 阳离子交换树脂的再生　将洗去生物碱的树脂倒入烧杯中，加 2 倍量的 2mol/L 盐酸浸泡过夜。次日，装柱，让树脂上的盐酸慢慢流过柱床，待用水洗至中性。用 5%的 NaOH 浸泡 1～2h，时常搅拌，倒出上层碱液，用蒸馏水洗至近中性，在空气中晾干，备用。

(7) 苦参生物碱的硅胶薄层色谱

色谱材料：硅胶 G 薄层板。

点样：总生物碱、苦参碱对照品、母液。

展开剂：氯仿-甲醇-浓氨水（6∶0.5∶0.3）。

展开方式：上行展开。

显色：喷洒改良碘化铋钾试剂后，空气中放置至干。

5.9.5 注意事项

① 蒸馏时要加入沸石。

② 布氏漏斗放进抽滤瓶口时，必须压紧，不能漏气，并且漏斗下端支管的斜面正对抽滤瓶的支管口，这样抽滤效率最高。

③ 回收溶剂后的残留物一定要用丙酮转移干净，否则产率降低。

④ 抽滤晶体时要小心操作，避免损失。

⑤ 改良碘化铋钾试剂的配制：碘化铋钾 7.3g＋冰醋酸 10mL＋蒸馏水 60mL。

5.9.6 实验结果与讨论

① 记录实验条件、过程、现象和各试剂用量。

② 计算总生物碱提取率。

③ 记录薄层色谱图谱和斑点颜色。

④ 重量法测定总生物碱，是根据游离生物碱和生物碱盐在水和水不相溶的有机溶剂中溶解度的不同而设计的，该方法多用于碱性极弱而不易在水溶液中滴定的生物碱。通常经过提取、精制、干燥和称重四个步骤。

思　考　题

1. 酸水法及离子交换树脂法提取分离生物碱的原理是什么？
2. 为什么要进行树脂的预处理和再生？
3. 列举几种常用的生物碱显色剂。
4. 影响总生物碱提取率的工艺条件有哪些？如何优化？

（四川大学　李延芳编写）

6　动物药物

6.1　超氧化物歧化酶的制备

6.1.1　学习目标

• 了解超氧化物歧化酶（SOD）的性质及用途；

• 了解超氧化物歧化酶（SOD）的常规制备方法；

• 通过本实验的具体操作，掌握并熟悉从动物血液中提取制备生化产品（SOD）的方法及其操作原理和步骤；

• 掌握超氧化物歧化酶（SOD）的活性及纯度检测方法。

6.1.2　实验原理

超氧化物歧化酶（superoxide dismutase，SOD），是一种广泛存在于动、植物及微生物中的金属酶，至少可分为三种类型：第一种类型-Cu・Zn-SOD，呈蓝绿色，主要存在于真核细胞的细胞质内，分子量在32000左右，由两个亚基组成，每个亚基含1个铜和1个锌；第二种类型-Mn-SOD，呈粉红色，其分子量随来源不同而异，来自原核细胞的分子量约为4000，由两个亚基组成，每个亚基各含1个锰，来自真核细胞线粒体的-Mn-SOD，由4个亚基组成，分子量约为80000；第三种类型-Fe-SOD，呈黄色，只存在于真核细胞中，分子量在38000左右，由两个亚基组成，每个亚基各含1个铁。此外，在牛肝中还存在一种-Co・Zn-SOD。

自从1973年Weisiger等在鸡肝中发现两种SOD以来，至今已采用了各种分离及分析方法，成功地从各种动物肝脏及血液中，分离纯化了SOD。目前SOD在临床上主要用于延缓人体衰老，防止色素沉着，消除局部炎症，特别是治疗风湿性关节炎、慢性多发性关节炎及放射治疗后的炎症，无抗原性，毒副作用较小，是很有临床价值的治疗酶。SOD不仅在临床上大显身手，而且近年来又被广泛地应用于日用化工行业。含有SOD的化妆护肤品，对抗衰老及去除脸面雀斑等有显著作用。

本实验以猪血为原料，采用缓冲溶液作为萃取剂，利用柠檬酸缓冲液生成络合物的性能，切断SOD与其他蛋白的联系，有选择地将其从原料中分离出来。选用$CuCl_2$作为变性剂，辅以热变去除杂蛋白，选用丙酮作为沉淀剂，最终得到-Cu・Zn-SOD制品。

6.1.3　试剂与仪器

试剂：氯化钠，丙酮，柠檬酸（一水合物），柠檬酸三钠（二水合物），醋酸，盐酸（分析纯），氯化铜（二水合物），醋酸钠，磷酸氢二钾，磷酸二氢钾，新鲜猪血等。

仪器：电动搅拌器，冷冻离心机，酸度计，冷冻干燥器，超滤浓缩器，透析袋，玻璃色谱柱，温度计，天平，低温恒温槽，水浴锅，紫外分光光度计，电冰箱，移液管，秒表，容量瓶、烧杯、量筒等。

6.1.4 实验步骤

(1) 分离血细胞 取新鲜猪血，事先加入猪血体积1/7的3.8%柠檬酸三钠溶液，搅拌均匀，以3000r/min的速度离心15min，除去黄色血浆，收集红细胞。

(2) 配制萃取剂 配制0.2mmol/L柠檬酸（42g柠檬酸·H_2O/L）和0.2mmol/L柠檬酸三钠（58.8g柠檬酸钠·$2H_2O$/L）溶液，仔细混合均匀，其体积比为1∶9，此混合溶液的pH值应为6.2左右。再用醋酸钠溶液仔细调整pH值至7.0～7.5范围内即可。

(3) 萃取 将离心所得猪红细胞在充分搅拌下依次加入原血量0.4倍体积的上述萃取剂，1倍量6.5% NaCl溶液，剧烈搅拌50min。

(4) 热变 将离心所得萃取液在充分搅拌下缓缓滴加原血量6%体积、浓度为25%的$CuCl_2$溶液，混合均匀后用水浴加热至60℃，恒温25min，放入冰箱冷却至室温，离心除去褐色沉淀，收集好上清液。

(5) 制备粗品 将上述清液用CH_3COONa饱和溶液调pH值至5.5左右，置于低温恒温槽中，使其冷却至0℃左右，在充分搅拌下加入1倍量冷丙酮（0～4℃），即析出沉淀，离心得沉淀，复溶于蒸馏水中，离心得清液。在清液中加入0.8倍体积的冷丙酮，离心收集沉淀，经无水丙酮仔细洗涤，离心收集沉淀，干燥即得蓝绿色-Cu·Zn-SOD粗品（母液及洗液集中用于回收丙酮），可用于化妆品或食用SOD。

(6) 粗品DEAE-SephadexA-50分离纯化 将粗品用2.5μmol/L pH值为7.6的K_2HPO_4-KH_2PO_4缓冲溶液溶解，用离心法除去杂质，上清液上DEAE-SephadexA-50柱，用2.5～50μmol/L K_2HPO_4-KH_2PO_4缓冲液进行梯度洗脱，收集具有SOD的活性峰。将洗脱液装入透析袋中，在蒸馏水中透析，超滤浓缩透析液，然后冷冻干燥即得精品。

6.1.5 注意事项

① 猪血SOD对热敏感，因此在分离过程中温度应控制在5℃左右，最好在0℃，时间不要超过4天。

② 水浴加热后一定要将酶液迅速冷却至室温或者更低温度，以减少SOD活性损失。

③ 上柱分离纯化要注意pH值和盐浓度，pH值控制酶分子的带电状态，盐浓度控制结合键的强弱。为了得到高纯度的SOD，常采用梯度洗脱，也可用DE-32（二乙基氨基乙基纤维素）；CM-32（羧甲基纤维素）等作交换剂。

④ 有机溶剂用量应掌握适当比例，在有机溶剂存在下，可有效地沉淀蛋白质，但应控制适当温度，方可达到最佳分离效果。

⑤ 猪血SOD在pH值为7.6～9范围内比较稳定，因此在提取过程中应注意掌控SOD酶的最适pH值。

6.1.6 SOD活性及纯度检测方法

(1) SOD活性检测 SOD活性检测分为直接法和间接法。直接法有：脉冲射解法；极谱法；极谱氧电解法等。这些方法大多需要特殊仪器，因此实践中用得较多的是间接法，主要有：黄嘌呤-黄嘌呤氧化酶-细胞色素c法（被认为是最可靠的方法）；邻苯三酚自氧化法；肾上腺素自氧化法；黄嘌呤-黄嘌呤氧化酶-NBT（硝基四唑蓝）法等。

本实验选用操作简便且可靠性较好的邻苯三酚自氧化法。

邻苯三酚自氧化法由于方法简单，可靠性好而被广泛用作SOD的活性检测。其原理为：

根据 SOD 与氧自由基消除指示剂（邻苯三酚）竞争氧自由基，从而抑制消除指示剂与氧自由基的反应，根据消除指示剂与氧自由基反应速率的变化来测定 SOD 的活性。

具体测定方法如下。

① 邻苯三酚自氧化速率的测定　在 45mL 预热至 25℃的 50mmol/L 的 pH＝8.3 的 K_2HPO_4-KH_2PO_4 缓冲溶液中加入 0.1mL 预热至 25℃的 50mmol/L 邻苯三酚（用 10mmol/L HCl 配制），迅速摇匀，倒入光径为 1cm 的比色皿中，在 235nm 测试波长下每隔 30s 测 A 值一次（以 10mmol/L HCl 溶液为空白溶液），要求自氧化速率控制在 0.070OD/min。

② 酶活性的测定　测定方法与①相同，只是在加入邻苯三酚前加入 0.1mL 待测的 SOD 样液（需要进行一定倍数的稀释）。测得数据按下面公式计算酶活性，把 1mL 反应液中每分钟能抑制邻苯三酚自氧化速率达 50%时的酶量定义为一个活性单位。

$$\text{酶活性/(U/mL)}=\frac{\dfrac{0.070-A_{235}}{0.070}\times 100\%}{50\%}\times\text{反应液总体积}\times\frac{\text{样液稀释倍数}}{\text{样液体积}}$$

$$\text{所得值}\times\text{酶液体积}\div\text{SOD 的重量}=\text{产品的活性/(U/mg)}$$

一般情况下，SOD 粗品的酶活性在 3000～10000U/mg。

(2) SOD 纯度检测　SOD 纯度可用聚丙烯酰胺凝胶电泳来测定，看其在分子量 32000 左右的一条带是否同标准品相同。此外，由于猪血 SOD 紫外最大吸收峰为 263nm，所以可以 A_{260}/A_{280} 的值作为参考，此值越大，说明产品越纯。

思　考　题

1. 猪血中除了有 SOD 外，还有哪些对人体有用的成分？
2. SOD 的分离提纯操作要求在低温下进行，为何在操作过程中又有“热变”这一步？在进行“热变”操作时应注意些什么问题？
3. 影响 SOD 提取收率及产品酶活性的因素有哪些？如何进行提取工艺条件的研究？
4. SOD 除了从血液中提取制备外，还可以从其他哪些渠道获得？
5. 利用邻苯三酚测 SOD 活性的原理是什么？

6.2　生物药品凝血酶的提取、纯化工艺及效价测定

6.2.1　学习目标

- 了解凝血酶的性能及用途；
- 了解凝血酶的常规提取方法；
- 掌握从动物血液中提取、纯化生物药品凝血酶的工艺过程和操作方法；
- 掌握凝血酶的效价测定方法。

6.2.2　实验原理

凝血酶是机体凝血系统中的天然成分，它由两条肽链组成，多肽链之间以二硫键相连接。凝血酶在体内以凝血酶原形式存在，在一定条件下凝血酶被激活并转化为有活性的一种专一性很强的丝氨酸蛋白水解酶。它能水解血纤维蛋白原的 4 个 Arg-Gly 肽键，产生不溶性的纤维蛋白，使血液变成凝胶而发生凝固。凝血酶是凝血酶原的激活产物，分子量 335800，

白色无定形粉末，溶于水，不溶于有机溶剂。

目前国内主要从动物血浆及人血浆中提取凝血酶原，再经激活而成为凝血酶。它可催化血纤维蛋白原中血纤维肽 A 和血纤维肽 B 的断裂，转变成不溶性血纤维蛋白凝块。

目前分离纯化凝血酶主要采用离子交换色谱和亲和色谱。亲和色谱常用的配基有对氯苄胺、对氨基苯甲脒和肝素。以琼脂糖凝胶 4B（Sepharose 4B）为载体，肝素为配基合成的亲和吸附剂，用于亲和色谱纯化猪凝血酶，可获得比活较高的凝血酶制剂。

6.2.3 试剂与仪器

试剂：氯化钠，乙醇，丙酮，醋酸，柠檬酸三钠，氯化钙，乙醚，新鲜动物血液等。

仪器：电动搅拌器，冷冻离心机，布氏漏斗，真空干燥箱，冷藏柜，酸度计，小研钵，温度计，天平，低温恒温槽，烧杯，量筒等。

6.2.4 工艺过程及操作方法

（1）猪血浆的制备　收集新宰杀所得的猪血，立即加入 1/7 猪血体积的 3.8%柠檬酸三钠溶液抗凝，轻轻摇匀，4000r/min 离心 30min，收集上层血浆，下层血细胞弃去不用。

（2）提取凝血酶原　将血浆溶于 10 倍的蒸馏水中，用 1%浓度的醋酸调节 pH 值至 5.1，在离心机上离心 15min，弃去上清液，收集的沉淀物即为凝血酶原。

（3）凝血酶原的激活　在 30℃条件下，将凝血酶原溶于 1～2 倍的 0.9%氯化钠溶液中，搅拌均匀，加入适量 1%的氯化钙溶液，在 37℃恒温下搅拌 15min，保证凝血酶原转化为凝血酶。

（4）沉淀分离凝血酶　将激活的凝血酶溶液用离心机离心 15min，弃去沉淀。上清液移入烧杯中，加入三倍量的预冷至 4℃的丙酮，搅拌均匀，在冷处静置过夜，然后用离心机分离，收集沉淀，上清液可供回收丙酮。沉淀用无水乙醚洗涤，置真空干燥箱真空干燥，即得凝血酶粗品。

（5）除杂，沉淀，干燥　把粗品溶于适量（1 倍左右）的 0.9%氯化钙溶液中，在 0℃放置 6h 以上，然后用滤纸过滤，滤出的沉淀再用 0.9%氯化钠溶液溶解，在 0℃放置 6h 以上，过滤，合并两次滤液，用 1%醋酸溶液调节 pH 值为 5.5。然后离心，弃去沉淀，收集上层清液。在清液中加入两倍量预冷至 4℃的丙酮，静置 3h，离心 30min，收集沉淀。沉淀再浸泡于冷丙酮中，静置过夜，然后过滤，沉淀分别用无水乙醇、乙醚各洗涤一次，干燥即得凝血酶精品。

6.2.5 注意事项

① 动物血液一定要新鲜，要防止血液凝固、溶血。

② 所用器具一定要干净，以防影响产品的纯度。

③ 试剂配制及 pH 值调节一定要准确，方可保证产品产量及质量。

④ 实验温度应控制在规定的条件下，低温提取，方可保证酶不失活。

6.2.6 凝血酶效价测定

（1）标准纤维蛋白测定法　凝血酶的单位定义为活度量，即 1mL 标准纤维蛋白原溶液在 28℃、15s 内产生凝集的量为 1 单位（1U）。具体操作是：将凝血酶样品配成适当浓度，取 0.2mL 加入 0.8mL 0.125%纤维蛋白原溶液，于 28℃测定其凝结时间（先将凝血酶配成一定浓度，测得的凝结时间去除 15，再乘以溶液浓度），得到每毫克样品所含单位的估算值。再按估算值配成 0.2mL 含 1 单位的凝血酶溶液，取 0.2mL 加入 0.8mL 0.125%纤维蛋白原溶液中，凝结时间需 15s。

（2）草酸盐牛血清测定法　即 1mL 草酸盐牛血清在 28℃、15s 内产生凝集则含凝血酶 2.25 单位。具体操作是：7 份牛血清与 1 份等渗草酸钾溶液（1.85%）混合，离心分离得草酸盐牛血清（−40℃只能保存两个星期）。取几只试管，各加 0.9mL 草酸盐牛血清，依次加入不同稀释度的凝血酶样品溶液 0.1mL，通过反复试验，确定适宜的稀释度，使之在 15s 内产生凝集。同前面的定义一样，在 15s 出现凝集的试管含 2.25 单位凝血酶。估量稀释度后，很快就可确定凝血酶原液的滴定度及每毫升或每毫克凝血酶的单位。

思　考　题

1. 什么叫酶原的激活？有哪些方法？
2. 在凝血酶的分离提纯过程中加入丙酮起什么作用？原理是什么？
3. 分离提取酶时应注意哪些主要问题？

6.3　猪胰蛋白酶的提取、纯化工艺及活性测定

6.3.1　学习目标

- 学习和掌握提取纯化结晶的胰蛋白酶的原理和方法及其工艺过程，包括盐析、酶原活化、结晶与重结晶等；
- 了解以苯甲酰精氨酰萘胺（BANA）为底物测定胰蛋白酶活性的原理和方法。

6.3.2　实验原理

胰蛋白酶是以无活性的酶原形式存在于动物的胰脏中，酶原可以被肠激酶、钙离子活化或自我活化成为有活性的酶。

胰蛋白酶结晶最初制备的材料是牛的胰脏，最近用猪的胰脏亦可制备出来，制备结晶胰蛋白酶的基本方法是用硫酸铵分级盐析，胰蛋白酶在 0.75 饱和度硫酸铵中沉淀，而杂质蛋白质可以在 0.40 饱和度硫酸铵中沉淀除去，如此反复多次进行提纯，最终可以得到结晶酶。

胰蛋白酶在 pH=3 最稳定，可以在冷处储存数星期而不丧失活性，低于此 pH 值酶易变性，在 pH=5 以上则酶易自溶，所以整个制备过程必须在冷处（0～5℃）进行。

重金属离子、有机磷化物和反应产物能抑制胰蛋白酶，有一些天然高分子蛋白质对胰蛋白酶有专门的抑制作用，如胰脏和大豆中都含有胰蛋白酶抑制物。

胰蛋白酶能催化蛋白质的水解，对于由碱性氨基酸（如精氨酸，赖氨酸）的羧基所组成的肽键有高度特异性，因此常用苯甲酰精氨酰胺（BAA）作为酶的底物。胰蛋白酶作用的最适 pH 值为 7.6～7.8。

测定酶的活性可利用胰蛋白酶对 BAA 作用，再用 Conway 法测定释放的 NH_3 量；或利用胰蛋白酶对 BANA 作用，再用比色法测定释放的呈色基团；或利用它对酪蛋白的水解作用，之后用 Folin-酚法测定溶液中增多的酪氨酸量来求得。酶的蛋白质浓度则用双缩脲反应或 Folin-酚法比色测定。

6.3.3　试剂与仪器

试剂：pH=3 用醋酸酸化的水溶液；2.5mol/L 硫酸溶液；硫酸铵粉末（化学纯）；硫

酸铵粉末（分析纯）；氯化钙粉末（分析纯）；0.025mol/L 盐酸溶液；2mol/L 氢氧化钠溶液；pH＝9.0、0.8mol/L 硼酸缓冲液（配制时需用电 pH 计进行校正）；pH＝9.0、0.4mol/L 硼酸缓冲液；pH＝8.0、0.2mol/L 硼酸缓冲液；2mol/L 盐酸溶液；0.25％ BANA 的乙醇溶液，保存于冰箱，稳定期至少为两周；pH＝8.0、0.2mol/L 磷酸盐缓冲液；0.1％亚硝酸钠溶液，保存于冰箱可使用两天；0.5％氨基磺酸铵溶液，保存于冰箱可使用四周；0.05％*N*-1-萘基-乙二胺二盐酸乙醇溶液，保存于冰箱可使用四周，猪胰脏等。

仪器：（高速）组织捣碎机，大搅棒，乳钵（D＝15cm），大玻璃漏斗，纱布，离心机，pH 试纸（范围 pH＝1～10），显微镜，恒温水浴，冰浴，72 型分光光度计，低温恒温槽，酸度计，烧杯、吸液管及试管等。

6.3.4 工艺过程及操作方法

（1）粗酶液的制备　取新鲜猪胰脏 1～1.5kg，在冷处剥去白色的脂肪，用组织捣碎机捣碎，加入 2 倍体积冰冷的 pH＝2.5 的醋酸酸化的水溶液（按 1g 组织相当于 1mL 体积计算，以此类推），搅拌，若此时提取液 pH 值高于 pH＝3，则可用 10％醋酸溶液调节，使提取液维持于 pH＝3 左右，于冷室中（5～10℃）不时搅拌，抽提 18～24h。再用四层纱布过滤，拧挤出滤液，滤液呈乳白色，滤渣再用约 300mL pH＝3 的醋酸酸化水溶液洗涤一次，合并滤液，此时 pH 值较高，用 2.5mol/L 硫酸溶液调节滤液到 pH＝2.5～3，放置 2～4h 后用滤纸在冷室过滤，收集滤液，并量其总体积。

（2）盐析和活化

① 盐析　滤液用 0.75 饱和度硫酸铵进行盐析（每升滤液加入 492g 硫酸铵），加入的硫酸铵应事先研细，并且缓缓地边搅拌边加入。盐析溶液静置过夜，次日于 3600r/min 下离心 5～10min，收集的沉淀再在布氏漏斗中用水泵抽滤，压挤滤饼，尽量除去滤液，直到滤饼干裂为止。

称量滤饼的重量，溶于 10 倍体积冰冷的蒸馏水中，取出 0.5mL 溶液测定其中硫酸铵含量。

② 活化　溶液中加入研细的氯化钙粉末，使其与硫酸铵结合后剩余的氯化钙浓度为 0.1mol/L，然后用 2mol/L 氢氧化钠溶液调节溶液 pH＝2.0，留出 0.1mL 样品测定酶的活性。再在溶液中加入 20mg 结晶猪胰蛋白酶，置于冰箱内使酶原活化。隔一定时间取 0.1mL 样品测定酶的活性以分析活化过程，通常活化作用在 16～24h 内完成，待活化完全后，抽滤除去硫酸钙沉淀，留出 2mL 待测定其活性。此样品称为“活化后”样品。

用 2.5mol/L 硫酸溶液将滤液调节到 pH＝3.0，加入固体硫酸铵，使溶液达到 0.4 饱和度（每升溶液加入 242g 硫酸铵），于冷处静置约 8h，抽滤除去沉淀，沉淀内含大量糜蛋白酶和硫酸钙。

量滤液总体积，每升溶液添加 250g 硫酸铵使溶液达到 0.75 饱和度，于冰箱中放置过夜，次日抽滤，收集沉淀，并称其重量。

（3）结晶和重结晶

① 结晶　沉淀用约 1.5 倍体积的 pH＝9.0、0.4mol/L 硼酸缓冲溶液溶解，若有不溶杂质可以过滤除去，用 2mol/L 氢氧化钠溶液调节溶液到 pH＝8.0（这一步 pH 值要调得十分准确，偏酸则不易结晶，过碱易丧失活性）。几小时后出现絮状沉淀，并逐渐增多，待大量沉淀形成后再加入$\frac{1}{4}$～$\frac{1}{5}$倍体积的 pH＝8.0、0.2mol/L 硼酸缓冲液，使胶絮状沉淀分散，

在冰箱内放置2～5天可得到大量结晶，取出一滴溶液在显微镜下观察，可以看到许多细小的棒状结晶，偶尔也发现有矩形和六角形片状结晶。待结晶完全后抽滤或在3000r/min下离心10min，收集结晶，称重，将母液保存。多次合并母液，再通过盐析可以回收母液中的胰蛋白酶。

② 重结晶　用0.025mol/L盐酸溶液（$\frac{2}{3}$～1倍体积）将结晶分散，然后慢慢滴加2mol/L盐酸溶液使结晶溶解，此时溶液pH值应为2.5～3.0。留出0.2mL样品测定酶的活性。此样品称为"第一次结晶"样品。溶液用相当于结晶1.5～2.0倍体积的pH=9.0、0.8mol/L硼酸缓冲液调节到pH=8.0（避免体积过大），若此时pH值尚小于8.0，可用少量2mol/L氢氧化钠溶液调节到pH=8.0，放入冰箱中静置1～2天后形成大量较紧密的结晶，在显微镜下观察，其结晶形状为小棒状，但远较第一次结晶粗大，偶尔也可发现菱形晶体。抽滤，将收集的结晶放在干燥器内于冷处保存。干燥后称出产品重量。根据需要，可照此反复重结晶多次。

6.3.5 胰蛋白酶的活性测定

取3支试管，其中2支为平行测定酶活性试验，均加入0.1mL 0.25% BANA乙醇溶液，0.4mL pH=8.0、0.2mol/L磷酸盐缓冲液，再加入1mL已稀释好的酶溶液，于37℃恒温水浴中保温15min，立即加入0.5mL 2mol/L盐酸溶液，以停止酶反应，摇匀，另1支试管内加入的试剂与前2支一样，只是先加0.5mL盐酸溶液，后加酶。加酶后亦同样保温15min，作为空白对照，然后3管都加入1mL 0.1%亚硝酸钠溶液，摇匀。约3min后加入1mL 0.5%氨基磺酸铵溶液，充分摇荡，以除去过量的亚硝酸钠。放置约2min后，加入2mL 0.05% *N*-1-萘基-乙二胺二盐酸乙醇溶液。溶液逐渐呈蓝色，在室温下（或20～25℃烘箱中）放置30min后反应产物的颜色稳定，此颜色产物的最大吸收在560nm波长处，可于540～580nm下用72型分光光度计测其光密度，记下OD（光密度）读数。

思　考　题

1. 胰蛋白酶制备过程中为什么要有"活化"这一步骤？
2. 胰蛋白酶的作用特点是什么？
3. 通过本实验，指出酶活性测定对于酶的分离提纯有何意义？

6.4 胱氨酸的制备及纯度测定

6.4.1 学习目标

- 了解胱氨酸的性质及用途；
- 了解胱氨酸的常规制备方法；
- 通过本实验的具体操作，掌握并熟悉从动物的毛发中提取制备胱氨酸的方法及其操作原理和步骤；
- 掌握胱氨酸纯度的测定方法。

6.4.2 实验原理

胱氨酸是由两个β-巯基-α-氨基丙酸组成的含硫氨基酸，学名为双巯丙氨酸，白色六角形板状晶体或结晶粉末，不溶于乙醇、乙醚，难溶于水，易溶于酸、碱溶液，但在热碱溶液中可被分解。胱氨酸比半胱氨酸稳定，在体内转变成半胱氨酸后参与蛋白质合成和各种代谢过程，有促进毛发生长和防止皮肤老化等作用。临床上用于治疗膀胱炎、各种秃发症、肝炎、神经痛、中毒性病症、放射损伤以及各种原因引起的巨细胞减少症，并是治疗一些药物中毒等的特效药。在食品工业、生化及营养学研究领域也有广泛的应用。

胱氨酸是氨基酸中最难溶于水的一种，因此可利用这一特性，通过酸性水解，利用等电点沉淀法，从猪毛、人发等角蛋白中，分离提取胱氨酸。

6.4.3 试剂与仪器

试剂：氢氧化钠，氨水，盐酸，活性炭，硫酸铜，二乙胺四乙酸，废旧杂毛等。

仪器：电动搅拌器，烧杯，真空泵，干燥器，回流冷凝管，布氏漏斗，三口烧瓶，温度计，天平，量筒，酸度计等。

6.4.4 实验步骤

（1）清洗　除去废旧杂毛内混杂的泥沙、石块、草木、铁杂等物，用60℃左右的热水，加少量洗涤剂，搅拌洗涤4～5min，洗去吸附在杂毛上的油脂，放在通风处晒干或烘干备用。

（2）提取　按废旧杂毛量，先量取2倍体积30%的工业盐酸，加入烧瓶中，通电加热到70～80℃，立即投入已清洗晒干的废旧杂毛，继续加热，间歇搅拌，使瓶内温度均匀。升温到100℃时开始记温，每隔半小时记温一次，在1h内升温至110～120℃，以后继续水解10h左右。然后加入3%的活性炭，搅拌2h左右，趁热用玻璃布过滤，收集滤液。

（3）中和　将以上滤液加热到50℃左右，搅拌下用30%左右的氢氧化钠溶液中和滤液至pH值为4.8，然后静置过夜，过滤除去滤液，收集沉淀物（粗品）。

（4）提纯　将以上沉淀的粗品用13%～14%的盐酸溶液溶解，在搅拌下，加热到80℃，加入粗品量的10%的活性炭，搅拌脱色1～2h，然后趁热过滤，收集滤液。

（5）结晶　将滤液加热至80℃，用氨水中和至pH值为4.8，搅拌均匀，静置过夜，然后过滤，滤液可供制备酪氨酸，收集结晶物备下步用。

（6）精制　将结晶物用1∶12的盐酸溶液溶解，搅拌均匀，加热到80℃，加入晶体量的5%的活性炭，搅拌脱色1h左右，趁热过滤，在滤液中加入2%的二乙胺四乙酸进行脱铁，搅拌30min后，再过滤，收集无色透明滤液。

（7）沉淀　将滤液用2号砂芯滤球过滤，滤液用2～3倍体积的蒸馏水稀释，然后加热到80℃，搅拌均匀，用氨水调节pH值至4～4.1，冷却至室温静置过夜，过滤出结晶物。

（8）干燥　将结晶沉淀物用无离子水洗涤至无氯离子，然后滤干，于60～70℃下烘干，即为产品。

6.4.5 注意事项

（1）水解终点的判定　本实验终点检查采用以下方法：取水解进行10h以上的水解液2mL放在一支试管中，然后加入10%氢氧化钠溶液2mL，再滴加2%硫酸铜溶液3～4滴，摇匀后，如仍有明显天蓝色即表明水解已完全，如颜色变化则表明水解不完全，应继续水解。

（2）酸度的控制　在操作过程中，调节pH值时最好用酸度计检查，特别是调节pH值至4.8左右时（胱氨酸等电点为5.05），一定要调节好，不然会产生结晶不易析出的现象。

(3) 温度的控制　温度对于水解很重要，温度低，反应时间长；温度高，虽可加快水解，但对胱氨酸有破坏作用。生产中，水解温度多控制在110℃左右，中和和脱色温度控制在70～80℃，以防止其他氨基酸析出。

6.4.6 胱氨酸纯度测定

准确称取样品大约0.3g置于100mL容量瓶中，加入10mL 1%氢氧化钠溶液，使之溶解，然后稀释至刻度。用移液管取25mL稀释液置于250mL碘量瓶中，再准确加入0.1mol/L溴液40mL及10mL 0.1mol/L盐酸，放置10min以上，然后置于冰水浴中冷却3min左右，加1∶2碘化钾溶液5mL，用0.1mol/L亚硫酸钠滴定至淡黄色，加2mL淀粉指示剂，继续滴定至蓝色消失，然后作空白试验校正。

按以下公式计算胱氨酸含量

$$胱氨酸含量=\frac{(V_2-V_1)c\times 0.02403}{G}\times 100\%$$

式中　V_1——空白试验消耗亚硫酸钠体积，mL；

V_2——样品分析消耗亚硫酸钠体积，mL；

c——亚硫酸钠的摩尔浓度，mol/L；

G——测定样品的重量，g。

按干燥好的样品计算，合格产品中，L-胱氨酸的含量应在98.5%以上。

思　考　题

1. 水解蛋白质有哪几种方法？各自有何特点？
2. 在进行氨基酸的分离纯化时应注意哪些问题？
3. 你认为可以采取哪些措施来提高胱氨酸的纯度和产率？

6.5 胆红素的提取及含量测定

6.5.1 学习目标

- 了解胆红素的性质及用途；
- 了解胆红素的常规制备方法；
- 通过本实验的具体操作，掌握并熟悉从动物的胆汁中提取制备胆红素的方法及其操作原理和步骤；
- 掌握胆红素含量的测定方法。

6.5.2 实验原理

胆红素的分子式为$C_{33}H_{36}N_4O_6$，是一个直链的吡咯化合物，属于二烯胆素类，存在于动物的胆、肝脏中。胆红素易溶于苯、氯仿、二硫化碳及碱液中，微溶于乙醇和乙醚。胆红素是配制人工牛黄的重要原料，而人工牛黄又是很多中成药配方的重要组成成分，例如：安宫牛黄丸、六神丸、牛黄清心丸、牛黄解毒丸、至宝丹、速效伤风感冒胶囊等。这些较有名气的中成药，广泛用于临床，疗效显著。

目前国内外制取胆红素的方法有三种：第一种是全合成法，它最早是用1-氢-4-甲基-3-丙醇基吡咯与浓过氧化氢在吡啶中反应开始，经一系列冗长的反应产生胆红素；第二种是半合成法，它的原料是血红素，此法首先把血红素溶于含水的吡啶中，在肼/氧条件下，偶合氧化得到胆绿素，然后用硼酸钠还原为胆红素；第三种方法就是从胆汁中提取胆红素，我国生猪资源丰富，所以此方法目前比较盛行。本实验即是从胆汁中提取制备胆红素。

6.5.3 试剂与仪器

试剂：氢氧化钠，乙醇，盐酸，氯仿，动物胆。

仪器：电动搅拌器，烧杯，分液漏斗，干燥器，玻璃冷凝管，蒸馏瓶，721 分光光度计，温度计，天平，酸度计。

6.5.4 实验步骤

（1）过滤 取新鲜或解冻的胆，用不锈钢剪刀剪破，用双层纱布或单层窗纱过滤胆汁，除去油脂及杂质，称重后移入烧杯中。

（2）皂化 将烧杯中的胆汁先在搅拌下加热至 60～70℃，用 8%左右的氢氧化钠液缓慢调节 pH 值至 11～12，继续搅拌加热到 90℃，保温 10min 左右。此时要十分小心，勿使泡沫溢出。然后停止加热，取下冷却，冬季冷到 50℃左右，夏季冷到 30℃左右。

（3）酸化、抽提 量取以上皂化液，以 30%的量加入氯仿，混合均匀，用 1∶10 的盐酸边加边搅拌调至 pH 值为 3.8～4.1，注意滴加盐酸要慢，大约 100mL 皂化液加 10mL 左右盐酸，pH 值不可过小或过大，在此期间，溶液由奶黄变黄绿，最后呈棕黄色，在分液漏斗中静置 20～30min，即分为两层，下层为黄色的氯仿抽提液，上层为胆酸和水溶液，小心分出下层氯仿抽提液。上层废液可用 20%氯仿重复抽提 2 次，合并下层氯仿抽提液。

（4）蒸馏、干燥 将以上氯仿抽提液移入蒸馏瓶中，置 80～85℃水浴上蒸馏，回收的氯仿可反复使用。当瓶内液体无翻滚气泡，呈橘红色，瓶口氯仿气味很弱时，加入少量 95%乙醇继续蒸发，至氯仿全部蒸出时趁热过滤，用 65℃的 95%热乙醇小心冲洗一次，取出沉淀，干燥，置棕色瓶中保存备用。

6.5.5 注意事项

① 皂化反应时，一般用 8%的氢氧化钠液调节 pH 值至 10.5～11.5。如加碱量不足，pH 值偏低，水解不完全，有一部分胆红素仍以双葡萄糖醛酸胆红素酯的形式存在，降低了产品收率。加碱量过多，则 pH 值偏高，容易引起氧化，而且给酸化后的分层造成困难。因此务必控制皂化 pH 值在 10.5～11.5 范围内。

② 根据实践经验，皂化后溶液夏季冷到 30℃以下比较合适，在 20min 左右，酸化即可分层，而冬季常控制在 50℃左右，酸化后分层也比较快。

③ 当酸化不足时，溶液中有一部分胆红素阴离子不能与氢离子结合生成游离胆红素分子，即使分层，下层氯仿液色淡，产品收率明显下降。若酸化过度，一则容易引起氧化；二则粗结合型胆汁液将部分沉淀出来，不但分层困难，而且包裹现象严重，收率不高。

④ 加酸速度太快或者搅拌不均匀，既会造成局部酸浓度过高而导致胆红素氧化，又会产生黏性颗粒状物质将胆红素包容在其内部不能游离出来。这样，虽然酸化 pH 值达到了要求，但酸化仍不完全，影响产品收率。所以酸化时必须注意：加酸速度要缓慢，搅拌要充分、均匀。

⑤ 在本实验中待冷却后先加入氯仿，然后再酸化。这是因为当酸化达到一定 pH 值范围时，游离胆红素开始逐渐生成，而胆红素溶于氯仿，这样形成一点溶解一点，能促进下列动态平衡向右移动，有利于胆红素分子的形成，使反应更加彻底。

$$胆红素+H^+ \rightleftharpoons 胆红素分子$$

6.5.6 胆红素含量测定

(1) 原理　胆红素和重氮化试剂反应，产生偶氮染料，它在强酸中呈蓝紫色。在pH值2.0～5.5呈红色，在pH值5.5以上呈绿色。

(2) 标准溶液和供试液的配制　精确称取标准胆红素0.0100g，供试样品胆红素0.01～0.015g，分别以氯仿溶入50mL棕色容量瓶中，加氯仿至刻度。各取10mL加入50mL棕色容量瓶中，以95%乙醇稀释至刻度。标准溶液每毫升相当于0.00002g胆红素。

(3) 标准曲线的绘制　精确吸取胆红素标准溶液0mL、1mL、2mL、3mL、4mL、5mL置于带色试管中，分别加入95%乙醇9mL、8mL、7mL、6mL、5mL、4mL，使全量均为9mL，再加入重氮化试剂1mL，混合均匀，在20℃暗处静置1h，在波长520nm处测吸光度，并以吸光度为纵坐标，各管所含的胆红素浓度为横坐标，画出标准曲线。

(4) 样品测定　取供试液3mL，加95%乙醇6mL，重氮化试剂1mL，混匀，在暗处20℃静置1h，在波长520nm处测吸光度。由测得的吸光度从标准曲线上查胆红素的重量(mg)，然后计算样品胆红素含量。

重氮化试剂的配制如下。

溶液A：对氨基苯磺酸1.0g，加浓盐酸15mL，加水985mL。

溶液B：0.5%亚硝酸钠溶液。

临用时，取10mL A液加0.3mL B液混匀。

思考题

1. 胆红素有哪些性质和用途？
2. 提取胆红素的过程中，哪些问题会影响到胆红素的含量和收率？为什么？

(四川大学　兰先秋编写)

7 微生物药物

7.1 高产链霉素菌种的诱变选育

7.1.1 学习目标

- 了解和掌握工业微生物高产菌种的紫外诱变选育及分离复壮过程。

7.1.2 实验原理

高产菌种的选育及分离复壮是生产过程非常重要的环节，直接影响后续发酵单位的高低，链霉菌菌种很容易退化，退化菌种从斜面上可以直接观察到的现象主要有三个：一是在同样培养条件下孢子发灰，二是产生可溶性色素，三是菌落形态不纯。因此，一定要进行常规的菌种选育工作以确保有稳定高产的菌种进入生产罐发酵。

7.1.3 材料与仪器

材料：菌种——灰色链霉菌（*Streptomyces griseus*），由中国工业微生物菌种保藏管理中心提供；斜面培养基［高氏培养基（g/L）］——可溶性淀粉 20，NaCl 0.5，KNO_3 1，$FeSO_4$ 0.01，K_2HPO_4 0.5，$MgSO_4$ 0.5，琼脂 20，pH 7.2。

仪器：水浴锅，培养箱，烧杯，培养皿，灭菌锅，漏斗，试管；耗材（每组需要量）——培养皿 20 套，试管 20 只，1mL 吸管 10 支，100mL 三角瓶 2 个；紫外照射箱——一台装有 15W 紫外灯管以及磁力搅拌器的带有可供样品进出口的封闭装置，灯管与磁力搅拌器的距离（照射距离）为 30cm。

7.1.4 实验步骤

① 将新鲜斜面培养物用无菌生理盐水洗下，倒入盛有玻璃珠的无菌三角瓶中，手持振荡 20min，用带有无菌脱脂棉的漏斗过滤制成单孢子悬液。

② 吸取 5mL 单孢子悬液于灭菌的空白培养皿中，进行紫外线照射，照射时间为 20s 和 40s 两组，将装有菌液的培养皿放入紫外箱中，打开磁力搅拌器，再打开皿盖，最后将紫外灯打开，开始计时。

③ 取 15 支试管，各加入 4.5mL 无菌生理盐水，再用吸管吸取 0.5mL 单孢子悬液注入试管中，重复此操作进行逐级稀释（每次下降一个数量级）。其中，实验对照组（未经照射的原菌液）稀释至 10^{-6}，用 6 支试管；20s 照射组稀释至 10^{-5}，用 5 支试管；40s 照射组稀释至 10^{-4}，用 4 支试管。取 0.1mL 最终稀释液涂布于培养皿中，每个稀释度涂 2～3 个培养皿，放置于 28℃培养箱中培养 5～7d。

④ 计数：培养 5～7d，计算出不同照射时间的死亡率。

$$死亡率=[(对照组菌落数-处理后的菌落数)/对照组菌落数]\times 100\%$$

观察培养皿中单菌落的形态特征，并记录，挑取生长好、洁白、孢子丰满、没有染菌的单菌落挑入斜面保藏和种子培养基中，进行发酵单位验证。

⑤ 通过比较同一条件下摇瓶发酵单位水平，选择高产斜面保藏菌种制备甘油管，低温保藏。

7.1.5 注意事项

稀释分离时，关键要制备单孢子菌悬液。

思 考 题

1. 工业化生产过程如何保持高产菌种稳定传代？结合实验，你认为影响的因素有哪些？

2. 工业生产过程中菌种常用的选育方法有哪些？

3. 请描述链霉菌的菌丝生长特点。

（西南大学 邹祥，胡昌华编写）

7.2 摇瓶培养条件下链霉素发酵条件优化

7.2.1 学习目标

- 了解和掌握摇瓶培养条件下工业发酵培养基及培养条件优化的方法。

7.2.2 实验原理

摇瓶培养的目的有二：一是寻找发酵培养基的合适配方，二是寻找最佳发酵条件。微生物发酵法是一个受多种因素影响的工艺过程，应用一般的简单比较法很难得到满意的结果，实验室中往往采用正交试验法，对所研究的菌种进行试验。

正交试验法是一种安排和分析试验的方法，这种方法可以通过较少的试验次数和比较简便的分析方法，获得较好的结果，它的特点是挑选一部分有代表性的试验项目，利用正交表来进行整体设计。可以同时做一批试验，减少试验次数，缩短试验周期。通过分析，可以知道哪些因素是显著因素，哪些因素是非显著因素，以及哪些因素有交互作用和交互作用的大小，还能分析出试验误差的大小。正交试验包括两部分内容，即设计试验方案和分析试验结果。

7.2.3 材料与仪器

材料：菌种——由7.1实验筛选分离得到的高产菌种；种子培养基（g/L）——黄豆饼粉20，葡萄糖40，玉米浆5，硫酸铵2，NaCl 5，磷酸二氢钾1，$CaCO_3$ 4，pH 7.0；摇瓶发酵基础培养基（g/L）——KH_2PO_4 0.6，$CaCO_3$ 4，豆油0.2，pH7.0；效价测定培养基Ⅰ——蛋白胨5g，磷酸氢二钾3g，牛肉浸出粉3g，琼脂15～20g，水1000mL，除琼脂外，混合上述成分，调节pH值使比最终的pH值略高0.2～0.4，加入琼脂，加热溶化后滤过，调节pH值使灭菌后为7.8～8.0，在115℃灭菌30min。

仪器：培养箱，摇床，灭菌锅，pH计，干燥箱，抗生素自动测定分析仪，可见-分光光度计，电炉等。

7.2.4 工艺过程及操作方法

① 明确试验目的，确定试验因素。影响发酵的因素有很多，考虑到实验室条件及人力

和时间，不能在一次试验中包括所有因素，本实验主要从葡萄糖、黄豆饼粉、玉米浆和 NH_4SO_4 四个因素，每因素选择三个水平，采用正交表 $L_9(3^4)$（表 7-2）。

② 列出水平表（见表 7-1），根据对生产上发酵的现有了解，把葡萄糖、黄豆饼粉、玉米浆和 NH_4SO_4 四个因素各分成三个水平。

表 7-1 正交表试验设计水平表/%

因素水平	葡萄糖	黄豆饼粉	玉米浆	NH_4SO_4
1	4.0	2	0.5	0.1
2	6.0	3	1	0.2
3	8.0	4	1.5	0.3

③ 选择正交表。根据人力、物力、试验任务，确定因素水平后，选择正交表。表头中 L 表示正交表，L 右下角 9 表示有 9 行，可用来安排 9 个试验。括号内底数 3 是因素水平数，指数 4 是 4 个因素（见表 7-2）。

表 7-2 正交表试验方案

编号	葡萄糖(A)	黄豆饼粉(B)	玉米浆(C)	NH_4SO_4(D)	效价/(U/mL)	生物量/%
1	(1)	(1)	(1)	(1)		
2	(1)	(2)	(2)	(2)		
3	(1)	(3)	(3)	(3)		
4	(2)	(1)	(2)	(3)		
5	(2)	(2)	(3)	(1)		
6	(2)	(3)	(1)	(2)		
7	(3)	(1)	(3)	(2)		
8	(3)	(2)	(1)	(3)		
9	(3)	(3)	(2)	(1)		

④ 根据因素水平表（表头设计），把正交表的数字代号依次换成该因素和水平的实际数字。

⑤ 根据正交表试验方案（表 7-2），配制培养基，每组 2～3 个平行，每 250mL 三角瓶装液 50mL。灭菌：121℃，25min。接种量 10%，发酵温度 28℃，摇床转速 200～220r/min，培养 6～7d，发酵结束，草酸酸化至 3.0，离心 3000r/min，得上清液，测菌体生物量和链霉素浓度。填入表中进行计算和讨论，培养期间要注意培养温度、环境清洁和摇瓶机工作状态。

⑥ 从正交试验结果中，可以得到本次实验的直观最佳条件，但这不一定是最佳理论值。可以根据实验的直观最佳条件和理论最佳条件进行比较，在下一步试验中可以在这些水平范围内，进行改变和加密水平以求得更佳条件。根据实验结果作出实验因素与水平图。

⑦ 根据优化后的发酵培养基，进行重复实验，和对照组进行比较，验证正交试验结果。

7.2.5 注意事项

① 实验过程中采用自来水配制。

② 实验培养基配制时，先调节好 pH 值后，再加入 $CaCO_3$。

③ 所有培养基接种时，一定要使用同一种子培养液，保证接种量一致。

7.2.6 链霉素生物效价的测定

(1) 菌悬液的制备

① 枯草芽孢杆菌（*Bacillus subtilis*）悬液 取枯草芽孢杆菌［CMCC（B）63501］的营养琼脂斜面培养物，接种于盛有营养琼脂培养基的培养瓶中，在35～37℃培养7日，用革兰染色法涂片镜检，应有芽孢85%以上。用灭菌水将芽孢洗下，在65℃加热30min，备用。

② 双碟的制备 取直径约90mm，高16～17mm的平底双碟，分别注入加热融化的效价测定培养基Ⅰ培养基20mL，使其在碟底内均匀摊布，放置水平面上使凝固，作为底层。另取培养基适量加热融化后，放冷至48～50℃（芽孢可至60℃），加入规定的试验菌悬液适量（能得清晰的抑菌圈为度。二剂量法标准品溶液的高浓度所致的抑菌圈直径在18～22mm，三剂量法标准品溶液的中心浓度所致的抑菌圈直径在15～18mm），摇匀，在每1双碟中分别加入5mL，使在底层上均匀摊布，作为菌层。放置在水平台上冷却后，在每1双碟中以等距离均匀安置不锈钢小管（内径6.0mm±0.1mm，高10.0mm±0.1mm，外径7.8mm±0.1mm）4个（二剂量法）或6个（三剂量法），用陶瓦圆盖覆盖备用。

③ 检定法 采用二剂量法，具体方法为：取照上述方法制备的双碟不得少于4个，在每1双碟中对角的2个不锈钢小管中分别滴装高浓度及低浓度的标准品溶液，其余2个小管中分别滴装相应的高低两种浓度的供试品溶液；高、低浓度的剂距为2∶1或4∶1。在规定条件下培养后，采用抗生素自动效价测定仪测量各个抑菌圈直径（或面积），照生物检定统计法（《中华人民共和国药典》2015年版四部1431生物检定统计法）中的（2.2）法进行可靠性测验及效价计算。

(2) 链霉素发酵化学效价的测定 链霉素的含量测定目前各国药典仍采用微生物测定法，为快速分析发酵过程的链霉素含量，应用麦芽酚反应作为链霉素比色法进行测定。

① 链霉素测定标准曲线制作 吸取硫酸链霉素供试液一定量（含硫酸链霉素2.5g）置100mL量瓶，加水至刻度。取此液1mL用蒸馏水稀释至不同梯度，分别取稀释液5mL置试管中，精密加入氢氧化钠液（2mol/L）1mL，混匀，置沸水浴中加热3min后取出试管，在自来水的水流中冷却3min，精密加入1%硫酸铁铵的硫酸液（0.75mol/L）4mL，振摇，放置10min，于550nm处测定吸光度。以水5mL代替供试液，按上述操作作为空白，并同时绘制标准曲线。

② 发酵液中链霉素含量测定 取适量发酵液，4000r/min离心，获得发酵上清液，取1mL适当稀释，按上述方法测定吸光度，代入标准曲线中计算得到发酵液中链霉素效价。

7.2.7 菌体生物量的测定

菌体生物量（PMV）的测定，准确量取10mL发酵液于10mL离心管中，3000r/min离心10min，测得沉淀物的体积占10mL发酵液体积的体积分数即得PMV。

7.2.8 还原糖的测定（DNS法）

(1) 原理 在碱性条件下，还原糖与3,5-二硝基水杨酸共热，3,5-二硝基水杨酸被还原为3-氨基-5-硝基水杨酸（棕红色物质），还原糖则被氧化成糖酸及其他物质。在一定范围内，还原糖的量与棕红色物质颜色深浅的程度呈一定的比例关系，可在可见-分光光度计520nm波长测定棕红色物质的吸光度值。查标准曲线计算，可求出发酵液中还原糖的含量。

(2) 标准曲线的制作 取9支干燥试管，编号，按表7-3所示的量，精确浓度为1.00mg/mL的葡萄糖标准液和3,5-二硝基水杨酸试剂。

表 7-3 还原糖标准曲线制作 单位：mL

加入试剂＼管号	0	1	2	3	4	5	6	7	8
葡萄糖标准液	0	0.2	0.4	0.6	0.8	1.0	1.2	1.4	1.6
蒸馏水	2.0	1.8	1.6	1.4	1.2	1.0	0.8	0.6	0.4
3,5-二硝基水杨酸试剂	1.5	1.5	1.5	1.5	1.5	1.5	1.5	1.5	1.5

将各管摇匀，戴上小漏斗，在沸水浴中加热 5min，立即用冷水冷却至室温，再向各管中补加入蒸馏水至 25.0mL，用橡皮塞塞住管口，颠倒混匀。切勿用力振摇，引入气泡。在 520nm 波长下，以 0 号管为空白，在可见-分光光度计上测定 1～8 号管的吸光度值。以吸光度值为纵坐标，葡萄糖的量（mg）为横坐标，绘制标准曲线。

（3）发酵液中残留还原糖的测定　发酵液离心过滤，滤液 1mL 定容稀释至含糖量 2～8mg/100mL 为试样。取 4 支干燥比色管，编号，按表 7-4 所示的量，精确加入待测液和试剂。

表 7-4 还原糖的测定

项目＼管号	空白	还原糖		
	0	1	2	3
样品量	0	1.0	1.0	1.0
蒸馏水	2.0	1.0	1.0	1.0
3,5-二硝基水杨酸试剂	1.5	1.5	1.5	1.5

加完试剂后，其余操作步骤与制作葡萄糖标准曲线时的相同，测定出各管溶液的吸光度值。并以管 1、2、3 的吸光度值的平均值在标准曲线上查出相应的还原糖浓度，乘以稀释倍数计算样品中还原糖的浓度（g/L）。

7.2.9 发酵液中氨基氮的测定

（1）原理　发酵液中铵离子和氨基与甲醛反应可生成酸和羧酸，用已知浓度的氢氧化钠滴定液滴定生成的酸和羧酸，根据样品消耗氢氧化钠的体积计算氨基氮含量。

（2）方法

① 操作过程　将发酵液用滤纸过滤后，准确吸取滤液 1mL 于 150mL 三角瓶中，加水 30mL，加甲基红指示剂 2 滴，用 0.05mol/L 硫酸调节至浅红色，放置 3min，再用 0.02mol/L 氢氧化钠调节至浅黄色，加中性甲醛（18%）5mL，放置 3～5min，加酚酞指示剂 1mL，用氢氧化钠滴定液（0.02mol/L）滴定至微红色即为终点。

② 计算

$$氨基氮含量/(mg/100mL)=NV_1\times14\times100/V_2$$

式中 N——氢氧化钠的实际浓度，mol/L；

V_1——消耗氢氧化钠的滴定液体积，mL；

V_2——取样体积，mL。

误差≤0.05mL。

（3）试剂配制

0.1%甲基红指示剂：称取甲基红 0.10g，加乙醇 100mL 溶解即得。

1.0%酚酞：称取酚酞 1.0g，加乙醇 100mL 溶解即得。

18%中性甲醛：量取 36%～38%甲醛溶液 250mL 与纯化水 250mL 混匀，加酚酞指示剂 2～3 滴，用 0.1mol/L 氢氧化钠中和至微红色。

氢氧化钠滴定液（0.02mol/L）：精密量取 0.1mol/L 的氢氧化钠滴定液 20mL，置 100mL 容量瓶中，加无 CO_2 纯化水定容至刻度，摇匀即得。

7.2.10 链霉菌镜检

结晶紫染色液：结晶紫 2g 溶于 20mL 95%乙醇中；草酸铵 0.8g 溶于 80mL 蒸馏水中，两液混合静置 48h 后使用。

镜检过程：涂片→干燥→固定→染色→水洗→干燥→镜检

耗材：250mL 三角瓶 20 个；称量瓶 18 个；吸管，1mL 3 支，2mL 2 支；比色管 10 支；培养皿 20 套；牛津杯 10 个。

思 考 题

1. 根据实验结果分析各因子的最优水平，确定最佳发酵培养基。
2. 发酵培养基优化还有哪些数学统计方法？

（西南大学 邹祥，胡昌华编写）

7.3 发酵罐链霉素发酵参数检测与多参数相关分析

7.3.1 学习目标

• 熟悉链霉素发酵过程参数检测及多参数相关分析方法，掌握实验室发酵罐系统、管路及空气过滤器灭菌操作。

7.3.2 实验原理

不同规模的发酵罐之间由于发酵容积的差异，会造成发酵产量的波动，因此，大规模工业化生产过程中发酵罐的放大是微生物制药工艺非常重要的问题，由于微生物发酵的批式操作中，随着菌体生长和基质消耗，发酵过程状态随时间变化，因此测量参数的时变性反映了发酵过程的时变系统特征。通过对发酵过程的状态参数或操作参数进行相关分析，可以得到反映微生物细胞分子水平、细胞水平和反应器工程水平的不同尺度问题的联系，从而实现跨尺度观察和跨尺度操作，达到过程优化和实时控制的效果。

实验所用的发酵罐除了具有常规的温度、搅拌转速、消泡、pH、溶解氧浓度（DO）等控制以外，还配置了高精度补料量（如基质、前体、油、酸碱物）测量与控制，高精度通气流量与罐压电信号测量与控制，并与尾气 CO_2 和 O_2 分析仪连接，整机具有十四个在线参数检测或控制。具有能输入实验室离线测定参数的计算机控制与数据处理系统，由此可进一步精确得到发酵过程优化与放大所必需的包括各种代谢流特征或工程特征的间接参数，如摄氧率（OUR）、二氧化碳释放率（CER）、呼吸商（RQ）、体积氧传质系数（K_{La}）、比生长速率（μ）等。

7.3.3 材料与仪器

材料：菌种，同 7.2 实验；培养基，以 7.2 实验优化的培养基作为发酵培养基；耗材，同 7.2 实验。

仪器：全自动发酵罐，培养箱，分光光度计，电热恒温水浴槽，抗生素自动测定分析仪，摇床等（分析方法同 7.2 实验）。

7.3.4 工艺过程及操作方法

（1）发酵罐灭菌　将配制好的培养基注入 50L 发酵罐，补加自来水至 30L，检查各管路阀门连接情况，打开排气阀，开蒸汽阀，通入夹套升温。

待罐内温度升温至 90～100℃时，开通空气过滤器管路蒸汽，升温，观察压力表，在 0.1MPa，121℃在线灭菌 30min，灭菌结束后，通冷却水入夹套冷却至 28℃，准备接种。

（2）种子制备　3L 摇瓶制备种子液，培养温度 28℃，培养时间 4d。

（3）接种　火焰接种法，调节好转速及空气流量比，将 DO 值校正为 100%，设定发酵开始。

（4）发酵过程控制　检测还原糖浓度低于 1%后，开始流加葡萄糖（30%），控制糖浓度在 0.8%～1%，记录每小时补加量，发酵过程注意泡沫变化情况，观察 pH、DO 的在线变化情况，并作好记录。

（5）发酵过程各指标的测定　发酵开始即进行第一次取样，8h 后，进行第二次取样。此后，每隔 4h 进行一次取样。每次取样检测的指标有生物量、还原糖、氨基氮、生物效价（见表 7-5）。同时作固定片结晶紫染色，镜检，观察菌丝形态变化和是否染菌。早期染菌则停止发酵。

表 7-5　发酵过程记录

接种时间：　年　月　日　时　分　　　　种子批号：　　　　接种量：

批　　号：　　　　　　　　　　　　　　　　　　　　　　　操作人：

项目＼序号	0	1	2	3	4	5	6	7	8	9
绝对培养时间/h										
相对培养时间/h										
温度/℃										
在线 pH										
离线 pH										
溶氧/%										
转速/(r/min)										
通气量/(L/min)										
EO_2/%										
ECO_2/%										
OUR/[mmol/(L·h)]										
CER/[mmol/(L·h)]										
RQ										
K_{La}/(L/h)										
罐压/MPa										
发酵液体积/L										
糖补料速率/[g/(h·L)]										
生物量/(g/L)										
NH_2-N/(g/L)										
还原糖浓度/(g/L)										
链霉素效价/(U/mL)										

（6）数据整理　画出培养液中还原糖（g/L）、链霉菌菌体量（%）、pH 值、氨基氮和链霉素效价（U/mL）随培养时间的变化曲线。计算链霉素发酵产率（质量分数，葡萄糖），分析产率与补料之间的关系。

（7）放罐　经过发酵 6～7d 后，菌量增长缓慢，开始自溶，氨基氮回升，便可放罐。经离心后，收集发酵液做进一步处理。

（8）清洗　放罐后，先取下罐体上的电极，然后向发酵罐内加入适量自来水，灭菌后清洗。

7.3.5 注意事项

① 发酵罐操作时，柜子内的许多接头都是裸露带电的，故不能触摸，以免触电。

② 在发酵罐空消和实消时，不能随意触摸罐体和管道，以免烫伤。

③ 因发酵时间长，需轮班操作，故每组人员多，应注意实验室的秩序。并且每位同学都应主动积极参与实验的全部过程。

④ 发酵罐的压力不能超过 $1kgf/cm^2$（98.0665kPa），这是在蒸汽灭菌和通入无菌空气时都应特别注意的。

⑤ 所有阀门开关时，动作应缓慢些，特别是蒸汽和空气进入阀门。

思　考　题

1. 观察发酵过程 DO 与 OUR 参数呈何关系变化。
2. 观察 DO 与转速（PRM）、通风量（F）和罐压（P）之间的变化。
3. 发酵工程放大有哪些其他方法？

（西南大学　邹祥，胡昌华编写）

7.4 组合膜分离浓缩链霉素实验

7.4.1 学习目标

- 掌握中试复合膜分离设备操作原理和具体膜分离工艺流程。

7.4.2 实验原理

膜分离是一种无相变的纯物理手段，能对料液进行分子水平的分离。膜分离过程清洁、环保，本实验以陶瓷复合膜设备进行链霉素发酵液的初步分离过滤，再用多功能有机膜纳滤膜组件进行进一步分离浓缩，得到链霉素浓缩液。

7.4.3 试剂与仪器

试剂：链霉素发酵液，由 7.3 实验制备；复合清洗剂配制（无机膜使用）——多聚磷酸钠 1%、EDTA 钠盐 0.3%、十二烷基苯磺酸钠 0.2%；有机膜清洗剂配制——A. 1%多聚磷酸钠、0.2%十二烷基苯磺酸钠、0.3%EDTA 钠盐，pH 值调 10～11（氢氧化钠），B. 1%左右柠檬酸，pH 值调 2～3。

仪器：DD-5M 低速离心机，陶瓷复合膜设备与多功能有机膜设备（合肥世杰膜工程有限责任公司）。

7.4.4 工艺过程及操作方法

(1) 发酵液酸化 将发酵液用草酸酸化至 pH 值 3.0，搅拌 2h，使与菌丝体结合的大部分链霉素释放出来，3000r/min 离心后，上清液调 pH 值为 6.7～7.2。

(2) 陶瓷膜过滤操作 将预先用纱布或滤布过滤干净后的原料液加入罐中，打开需要的膜组件阀门，关闭两排污阀，启动离心泵，由组件出口总阀 V05 调节工作压力，一般为 0.1MPa，运行平稳后，打开出口阀门 V04，可收集滤清液（见图 7-1）。

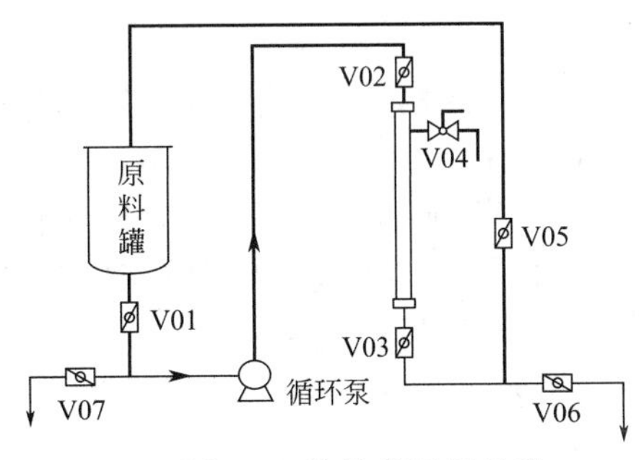

图 7-1 陶瓷膜运行示意

(3) 陶瓷膜清洗 使用完毕，必须对膜管进行清洗，清洗前先放完剩余料液，用纯水将残液洗净，再采用复合清洗剂清洗，清洗步骤如下。

① 配制清洗液约 10L，加到料罐中，按过滤步骤开、闭相关阀门，清洗时组件出口总阀应全开以保证在大流量低压力下进行，在常温下循环 30～60min。

② 用纯水反复漂洗至洗水呈中性，清洗后的膜管应保存在 0.5%的甲醛保存液中。

(4) 有机纳滤膜过滤操作 将已经过陶瓷膜过滤的料液加入贮罐中，打开阀门，启动辅泵，待辅泵运行稳定后启动主泵，通过调节膜组件出口阀门的开启度来控制系统的过滤操作压力；通过调节冷却水的流量来控制系统的过滤操作温度，过滤过程中纳滤膜组件渗透侧阀门要打开，让渗透液流到指定位置。

计算浓缩倍数和膜通量变化关系，当原物料浓缩至指定要求后，过滤工作结束，准备清洗。

(5) 有机纳滤膜清洗步骤

① 漂洗纳滤膜组件，将贮罐中加满常温纯水，依次打开阀门，循环 2～3 次则漂洗结束。

② 碱液清洗，将用纯水配制好的碱液清洗液加入贮罐中，打开阀门，漂洗 30min。

③ 纯水冲洗，对膜组件循环冲洗 2～3 遍使最后冲洗水接近中性（pH6.5～7.5）。酸液冲洗，将配制好的酸性清洗液加入贮罐中，打开阀门，漂洗 30min。再用纯水冲洗，对膜组件循环冲洗 2～3 遍使最后冲洗水接近中性。

④ 保存液保存，将配制好的杀菌液加入清洗罐中，开启辅泵，将杀菌液泵入膜装置中，循环 10～20min 后停泵，关闭膜组件的进出口阀，将杀菌液封存在有机膜组件内。

思 考 题

1. 膜分离设备操作的主要特点及注意事项有哪些？
2. 影响膜分离通量下降的主要因素有哪些？

（西南大学 邹祥，胡昌华编写）

7.5 灰黄霉素发酵与提取

7.5.1 学习目标

- 了解灰黄霉素的发酵与制备过程；
- 加深对微生物药物发酵生产中萃取操作过程的认识。

7.5.2 实验原理

以D-756为灰黄霉素产生菌，发酵产品存在于菌丝体中。灰黄霉素难溶于水，溶于苯甲醇等有机溶剂，工业生产中多用丙酮与吡咯烷酮的混合液作为萃取剂提取精制。灰黄霉素的熔点为218～224℃，有旋光性和紫外吸收特征，均可用以产品鉴定分析。

7.5.3 材料与仪器

材料：菌种——灰黄霉素生产菌（*Penicillium Patulun*，D-756）；斜面孢子培养基（%）——蔗糖3，KH_2PO_4 0.3，KCl 0.1，$NaNO_3$ 0.1，$MgSO_4$ 0.1，$FeSO_4$ 0.001，琼脂2，蒸馏水配制，pH值无须调节；大米孢子培养基（%）——蔗糖5，KH_2PO_4 0.5，KCl 0.1，$NaNO_3$ 0.1，$MgSO_4$ 0.1，$FeSO_4$ 0.001，蒸馏水配制，pH值无须调节，取大米100g，加入制成的培养液70mL，混合，常压蒸煮40min即成；发酵培养基（%）——大米粉15，KH_2PO_4 0.8，$CaCO_3$ 0.6，NaCl 0.4，KCl 0.6，$MgSO_4$ 0.1，$FeSO_4$ 0.1，$NaNO_3$ 0.1，$(NH_4)_2SO_4$ 0.1，自来水配制，pH值无须调节。

仪器：恒温培养箱，摇床，离心机，接种用具，发酵罐等。

7.5.4 操作方法

（1）斜面孢子制备　挑取适量沙土孢子，均匀接种于斜面培养基（斜面孢子培养基50mL于250mL茄形瓶中）表面。置28℃恒温培养7天。

（2）大米孢子制备　用分离纯化好的D-756菌株接入大米孢子瓶（含大米孢子培养基25mL于250mL茄形瓶）内。置28℃恒温培养7天。

（3）种子液制备　从培养成熟的大米孢子瓶内取3颗带孢子的米粒，接入摇瓶发酵培养基（含培养基30mL于250mL三角烧瓶）内。置于旋转式摇瓶机上，转速240r/min，温度30℃，发酵时间32h。

（4）按接种量5%～10%接入种子液，在全自动发酵罐中进行培养，温度控制在28℃，根据溶氧情况调节转速和空气流量，全程控制溶氧大于30%，100h后开始补料，每天补3次，控制还原糖1.5%～2.0%，培养时间10～15d。

（5）发酵结束后，将发酵液以3500r/min离心15min，将滤饼移入适量的丙酮-吡咯烷酮（10：1，体积比）的混合溶液中，充分搅拌，使菌丝良好溶解。

再将萃取溶液以3500r/min离心10min，取清液，蒸干，得到产品，80℃干燥。

对灰黄霉素粗品进行重结晶。测定其熔点、比旋光度和紫外吸收光谱。

思　考　题

1. 简述灰黄霉素发酵工艺的控制要点。
2. 丙酮-吡咯烷酮混合溶剂萃取时，离心操作有什么不利于工业化生产的因素？
3. 如何用过滤来替代离心操作？

（四川大学　李永红编写）

7.6 溶菌酶晶体制备

7.6.1 学习目标

- 了解蛋白质的结晶性质；

- 了解溶菌酶的结晶方法；
- 通过本实验的具体操作，掌握并熟悉溶菌酶的结晶条件及溶菌酶晶体结构。

7.6.2 实验原理

结晶是研究生物大分子结构的重要手段，结合X射线对蛋白质晶体结构的衍射从而确定蛋白质的三维结构和性质已经成为结晶应用的核心领域。影响蛋白质结晶的条件有很多，包括蛋白质的纯度、溶液的pH值、缓冲溶液、蛋白质的初始浓度、有机溶剂、盐或离子、去垢剂、温度等，其他因素比如重力、压力、环境振荡等也会对结晶造成影响，蛋白质结晶就是一个使溶液过饱和、成核、生长的过程。根据使溶液成为过饱和状态的方式不同，在实际中用到的结晶方法可以分为微池法（microbatch）、蒸汽扩散法（vapor diffusion）、液液扩散法（free interface diffusion）、透析结晶法（concentration dialysis）。其中蒸汽扩散法可以分为坐滴法（sitting drop）和悬滴法（hanging drop）。溶菌酶有很多的应用价值，可用作食品防腐剂和酶类抗菌药物。在蛋白质结晶学上，以它作为模型来研究蛋白质晶体学的原理。本实验采用悬滴法对溶菌酶进行结晶，悬滴法是在封闭的环境中，应用气相扩散原理，使任何挥发性的组分在小液滴和大样品池之间达到气液平衡，使蛋白质液滴中沉淀剂及蛋白质的浓度逐渐增加，达到过饱和状态，最终析出晶体。其流程如图7-2所示。

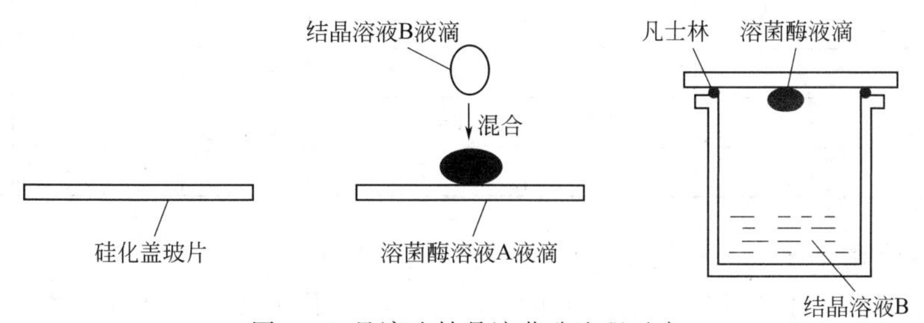

图7-2 悬滴法结晶溶菌酶流程示意

7.6.3 材料与仪器

材料：鸡蛋白溶菌酶（Amesco公司，0℃保存），分子量14307Da；NaCl（分析纯）；NaAc（分析纯）；HAc（分析纯）；乙二醇；凡士林；蒸馏水。

仪器：光学显微镜，移液枪，电子天平，分析天平，酸度计，24孔悬滴结晶板，硅化的盖玻片，烧杯，玻璃棒，量筒。

7.6.4 操作方法

① 溶菌酶溶液A的配制 用0.1mol/L醋酸钠（NaAc pH4.8）溶液溶解一定质量的溶菌酶固体粉末，配制成浓度为50mg/mL溶菌酶溶液。浓度采用质量/体积比。配制好的蛋白质溶液一般在−20℃冰箱中冷冻保存。

② 结晶溶液B的配制 先配制母液：30%NaCl，1mol/L NaAc（pH4.8），100%乙二醇。然后按照表7-6配制结晶溶液B。

混合各种母液，配制后的结晶溶液B浓度：

a. 6%（质量/体积）NaCl，0.1mol/L NaAc（pH4.8），25%乙二醇

b. 8%（质量/体积）NaCl，0.1mol/L NaAc（pH4.8），25%乙二醇

c. 10%（质量/体积）NaCl，0.1mol/L NaAc（pH4.8），25%乙二醇

d. 20%（质量/体积）NaCl，0.1mol/L NaAc（pH4.8），25%乙二醇

表 7-6 结晶溶液 B 的配制

结晶溶液 B \ 母液	NaCl 30%(质量/体积)	NaAc 1mol/L,pH4.8	乙二醇 100%	蒸馏水
a				
b				
c				
d				

③ 在 24 孔悬滴结晶板的孔边缘涂上适量的凡士林，其作用是粘贴盖玻片。

④ 在孔中依次加入 500μL 配制好的结晶溶液 B，结晶溶液 a 加入 24 孔结晶板的第一行，结晶溶液 b 加入第二行，结晶溶液 c 加入第三行，结晶溶液 d 加入第四行，混合均匀。

⑤ 取出清洁的硅化盖玻片，使用吸耳球吹气除去盖玻片上可能带有的灰尘。

⑥ 按表 7-7 的比例混合溶菌酶溶液 A 和不同浓度结晶溶液 B。

表 7-7 混合溶菌酶溶液 A 和不同浓度结晶溶液 B

项目 \ 序号	1	2	3	4	5	6
	(溶菌酶溶液 A+结晶溶液 B)/μL					
a	7+3	6+4	5+5	4.5+5.5	4+6	3+7
b	7+3	6+4	5+5	4.5+5.5	4+6	3+7
c	7+3	6+4	5+5	4.5+5.5	4+6	3+7
d	7+3	6+4	5+5	4.5+5.5	4+6	3+7

⑦ 用移液枪在盖玻片上滴最大不超过 10μL 的上述混合液。

⑧ 翻转盖玻片，小心地使其平铺于孔上，并使其与孔边缘紧密结合，务必使其密封。

⑨ 在温度为 25℃ 培养箱保存结晶板，定期观察并记录晶体的生长情况（表 7-8）。

表 7-8 实验记录

项目 \ 序号	1	2	3	4	5	6
	实验观察记录					
a						
b						
c						
d						

⑩ 在光学显微镜下观测并记录溶菌酶晶体的形状、大小与数量。

思 考 题

1. NaCl 和乙二醇在结晶实验中的作用是什么？
2. 蛋白质结晶的方法有哪些，各种结晶方法的优缺点是什么？

（四川大学 田永强编写）

8 固体制剂

8.1 粉体相关参数的测定

8.1.1 学习目标

• 掌握测定休止角的方法，学会评价颗粒的流动性；

• 掌握临界相对湿度与吸湿速度的测定方法，了解湿度对药物稳定性的影响。

8.1.2 实验原理

（1）流动性-休止角的测定　药物粉末或颗粒的流动性是固体制剂生产中的一个关键参数，散剂的分包、胶囊剂的分装、片剂的分剂量都要求原料有良好的流动性以保证分剂量准确。表示流动性的参数有休止角、流动函数、流动速度等，以休止角较常用。休止角是指粉末或颗粒堆积成最陡堆的斜边与水平面间的夹角。休止角大，粉体的流动性差；休止角小，粉体的流动性好。一般认为休止角小于30°者流动性好，大于40°者流动性差。

休止角的常见测定方法见图8-1。

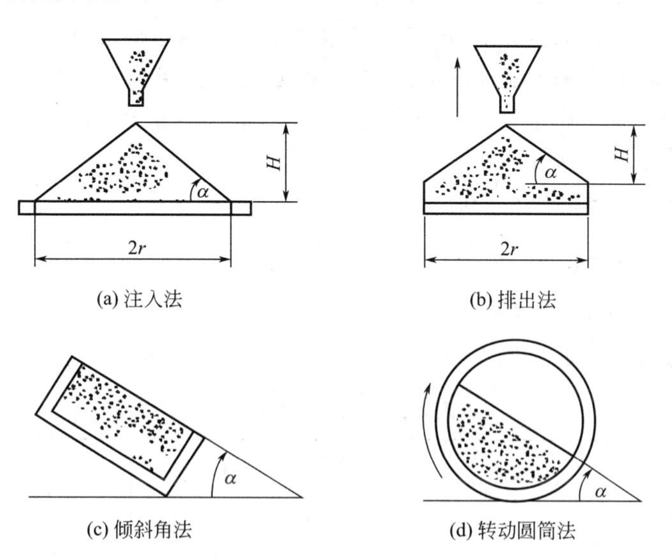

图8-1　休止角的常见测定方法

休止角的测定采用在已知半径的圆盘上方固定一个漏斗的装置，将粉末或颗粒从漏斗中自由流出，待粉末或颗粒从圆盘边缘溢出为止。测出圆锥形堆顶点至圆盘的高度 h，已知圆盘的半径为 r，则休止角 θ 满足以下公式

$$\tan\theta = h/r \tag{8-1}$$

（2）临界湿度　吸湿性指固体表面吸附水分的现象。在一定温度下，当空气中水蒸气分

压大于药物粉末自身产生的饱和水蒸气压时即发生吸湿。吸湿使粉末的流动性下降、固结、润湿、液化，甚至影响药物的稳定性。

一定温度下，药物粉末的吸湿量随环境相对湿度的增加而增加。当相对湿度达一定值时，药物粉末的吸湿量迅速增加，此时的相对湿度称为临界相对湿度（CRH）。CRH 越大，越不易吸湿。制剂生产中应将生产和贮存环境的相对湿度控制在药物的 CRH 下。本实验采用干粉末法，将试样置于不同相对湿度的环境中，恒温一定时间后称量其重量的变化，以相对湿度为横坐标，吸湿量为纵坐标作图。

8.1.3 实验仪器

试剂：葡萄糖，乳糖，微晶纤维素，直压乳糖，微粉硅胶，硬脂酸镁。

仪器：振动筛，三维混合机，粉体特性测定仪，显微镜，干燥器，称量瓶等。

8.1.4 实验步骤

8.1.4.1 休止角的测定

（1）物料准备 将葡萄糖、乳糖、微晶纤维素、直压乳糖、微粉硅胶、硬脂酸镁分别于80℃烘干，过 16 目筛，备用。分别取样在显微镜下观察粉末外观。

（2）测定休止角 分别量取 50g 的乳糖、微晶纤维素、直压乳糖、葡萄糖与微晶纤维及不同量的硬脂酸镁或微粉硅胶（比例自定）的混合物，测定休止角。将测定结果填入表 8-1。

8.1.4.2 临界湿度

配制一系列不同相对湿度的盐饱和溶液（所用盐的种类、浓度和对应的湿度见表 8-2），放入 8 个玻璃干燥器内，加盖，置于 25℃隔水式电热恒温培养箱中平衡 24h。取 8 个称量瓶，精密称量，每瓶加入葡萄糖 500mg，盖上称量瓶，精密称量。将称量瓶分别放入上述干燥器中，打开称量瓶，将干燥器盖好，在 25℃培养箱中放置 24h。取出称量瓶，盖好盖子，精密称量，并观察样品外观。

同法测定乳糖、微晶纤维素的吸湿度。

8.1.5 实验结果与讨论

8.1.5.1 休止角的测定结果

（1）将休止角的测定结果填入表 8-1。

表 8-1 休止角测定结果

试样	润滑剂用量/g	休止角 θ
葡萄糖		
乳糖		
微晶纤维素		
直压乳糖		
混合粉体		

（2）以休止角为纵坐标，润滑剂用量为横坐标作图，找出润滑剂的最佳用量。

8.1.5.2 临界湿度测定结果

将实验数据填入表 8-2。

表 8-2 各种相对湿度条件下药物的吸湿量（25℃）与外观变化

饱和盐溶液	相对湿度/%	实验前重量/mg	实验后重量/mg	重量改变/%	外观
H_2O	100.00				
KNO_3	92.48				
KCl	84.26				
NaCl	75.28				
$NaBr \cdot 2H_2O$	57.70				
$K_2CO_3 \cdot 2H_2O$	42.76				
$MgCl_2 \cdot 6H_2O$	33.00				
$CH_3COOK \cdot 1.5H_2O$	22.45				

以相对湿度为横坐标，以重量改变为纵坐标作图。其重量变化显著处所对应的相对湿度为临界相对湿度。

思考题

1. 粉体流动性在固体制剂的制备中有何意义？
2. 简要描述转动圆筒法测定休止角的原理并讨论可行的测量实施方法。
3. 粉体的吸湿性对固体制剂的生产有何意义？
4. 临界相对湿度对固体制剂环境湿度的控制有何指导意义？
5. 本实验中的湿度控制是基于什么理论知识？
6. 测定临界相对湿度还可以采用什么技术？

（四川大学　马丽芳编写）

8.2 片剂的制备（Ⅰ）

8.2.1 学习目标

- 掌握湿法挤压制粒压片的一般工艺；
- 掌握单冲压片机的使用方法；
- 学会片剂质量的检查方法。

8.2.2 实验原理

片剂是指药物与适宜的辅料均匀混合，通过制剂技术压制而成的圆片状或异形片状的固体制剂。制片的方法有制颗粒压片、结晶直接压片和粉末直接压片等。制颗粒的方法又分为干法和湿法。片剂质量检查与评定有外观、片重差异、硬度试验、含量测定、溶出度测定、崩解时限。

片剂的外观：片剂表面完整光洁，边缘整齐，色泽均匀，字迹清晰。

片重差异：取药 20 片，精密称定总重量，求得平均片重后，再分别精密称定各片的重量。每片重量与平均片重相比较，超出重量限度的药片不得超过 2 片，并不得有一片超出限度 1 倍。《中华人民共和国药典》2015 年版片重差异检查限度见表 8-3。

表 8-3 片重差异检查限度

平均片重或标示片重	重量差异限度
0.3g 以下	±7.5%
0.3g 及 0.3g 以上	±5%

片剂的硬度和崩解时限的测定使用片剂四用测定仪。片剂应有足够的硬度，以免在生产、包装、运输过程中破碎或被磨损而影响剂量的准确，且对片剂的崩解、主药的溶出度都有影响。一般认为片剂能承受 30～40N 的压力即判断为合格。

崩解时限的检查法为：将吊篮通过上端的不锈钢轴悬挂于金属支架上，浸入 1000mL 烧杯中，调节吊篮位置使其下降时筛网距烧杯底部 25mm，烧杯内盛有温度 37℃±1℃的水，调节水位高度使吊篮上升时筛网在水面下 15mm 处。除另有规定外，取 6 片药片，分别置于吊篮的 6 个玻璃管中，启动崩解仪进行检查，各片均应在 15min 内全部崩解。如有 1 片崩解不完全，应另取 6 片，按上述方法复查，均应符合规定。

测定溶出度的方法有转篮法、浆法等，其中转篮法测定片剂溶出度的方法为：除有关规定外，量取经脱气处理的溶剂 900mL，注入每个操作容器内，加温使溶剂温度保持在 37℃±0.5℃，取供试品 6 片，分别投入 6 个转篮内，将转篮降入容器中，立即开始计时。除有关规定外，到 45min 时，在规定取样点吸取溶液适量，立即经 0.8μm 滤膜过滤，取滤液，按照该药品各项下规定的方法测定，算出每片溶出量。均应不低于规定限度 Q（限度 Q 为标示含量的 70%）。如 6 片中仅有 1～2 片低于 Q，但不低于 $Q-10\%$，且其平均溶出量不低于 Q 时，仍可判为合格。如 6 片中有一片低于 $Q-10\%$，应另取 6 片复试，初、复试的 12 片中仅有 1～2 片低于 $Q-10\%$，且其平均溶出量不低于 Q 时，应判为合格。

8.2.3 实验仪器

粉碎机，智能溶出度仪，摇摆式颗粒机，压片机，干燥箱，红外水分测定仪，精密电子天平，激光微粒分析仪，片剂四用测定仪。

8.2.4 实验步骤

对乙酰氨基酚片的制备

(1) 处方（10000 片量）

对乙酰氨基酚	3000.0g	淀粉	374.4g
打浆淀粉	222.6g	硫脲	3.0g

(2) 制备

① 按淀粉∶水＝1∶2.7 的比例制备淀粉浆。先将硫脲溶于纯化水中，再冲浆，浆温降至 30℃以下再加入原辅料中。

② 制粒压片：将对乙酰氨基酚粉碎并过 100 目筛，淀粉过 100 目筛，分别称取对乙酰氨基酚粉、淀粉，放入三维混合机中，混合 5～10min，加入溶有硫脲的淀粉浆制成软材，经摇摆颗粒机过 14 目尼龙筛制粒，湿颗粒于 70～80℃干燥，干颗粒与硬脂酸镁总混，过 14 目筛整粒，测主药含量，计算片重，选择 ϕ5.5mm 平冲模压片即得。

(3) 质量检查与评定　本实验检查片重差异、溶出度、硬度、含量测定。

① 片重差异：限度标准按“0.3g 或 0.3g 以上者为≤±5%”评定。

② 溶出度：取本品，照溶出度测定法，以稀盐酸 24mL 加水至 1000mL 为溶剂，转速

为 100r/min，依法操作，经 30min 时，取溶液 10mL 过滤；精密量取续滤液 3mL 置 50mL 量瓶中，加 0.4%氯化钠溶液 5mL，置水浴中煮沸 5min，放冷，加稀硫酸 2.5mL 并加水至刻度，摇匀，照分光光度法在 303nm 的波长处测定吸光度，按 $C_7H_6O_3$ 的吸收系数（$E_{1cm}^{1\%}$）为 265 计算，再乘以 1.304，计算出每片的溶出量；限度为标示量的 80%，应符合规定。

③ 硬度：测定 3～6 片，取平均值。

④ 含量测定：取本品 10 片，精密称定，研细，精密称取适量（约相当于对乙酰氨基酚 40mg），置 250mL 量瓶中，加 0.4%氢氧化钠溶液 50mL，振摇 15min，加水至刻度，摇匀，用干燥滤纸滤过，精密量取续滤液 5mL，置 100mL 量瓶中，加 0.4%氢氧化钠溶液 10mL，加水至刻度，摇匀，照分光光度法在 275nm 的波长处测定吸光度，按 $C_8H_9NO_2$ 的吸收系数为 715 计算，即得。

8.2.5 注意事项

① 对乙酰氨基酚原料多为大型结晶单斜晶系，必须事先粉碎，否则极易裂片。

② 硫脲为抗氧剂，防止对乙酰氨基酚氧化变成粉红色。

③ 压片过程中应及时检查片重与崩解时间，以便及时调整。

8.2.6 实验结果与讨论

填写下列实验结果：

①外观；②片重差异；③溶出度；④硬度；⑤含量。

思 考 题

1. 湿法制粒的方法有哪些？各有什么特点？
2. 湿法挤压制粒压片过程中应注意哪些问题？
3. 制剂生产中湿法挤压制粒压片所需的生产设备有哪些？试对生产车间进行生产工艺设计。
4. 试分析对乙酰氨基酚处方中各辅料成分的作用，并说明如何正确使用。

（四川大学　马丽芳编写）

8.3 片剂的制备（Ⅱ）

8.3.1 学习目标

- 掌握高速搅拌制粒压片的一般工艺；
- 进一步巩固压片机的使用方法；
- 学会片剂质量的检查方法。

8.3.2 实验原理与指导

片剂质量的检查参见 8.2。

8.3.3 实验仪器

粉碎机，智能溶出度仪，多功能红外水分测定仪，精密电子天平，微粒分析仪，片剂四用测定仪，高速搅拌制粒机。

8.3.4 实验步骤

维生素C片的制备

（1）处方（100片量）

维生素C	5.0g	50%乙醇	适量
酒石酸	0.1g	糊精	3.0g
淀粉	2.0g	硬脂酸镁	0.1g

（2）操作　称取维生素C粉或极细结晶、淀粉、糊精，置于高速搅拌制粒机，混合15～30min，另将酒石酸溶于50%乙醇中，分次加入混合粉末中，加入时分散面要大。制成湿粒，60℃以下干燥，近干时可升至70℃以下，加速干燥，干粒水分控制在1.5%以下。过14目筛整粒，筛出干粒中细粉，与过筛的硬脂酸镁混匀，然后再与干颗粒混匀，测定含量后，计算片重，以ϕ5.5mm冲模压片。

（3）质量检查与评定

① 片重差异：参见8.2.2，本片剂按限度≤±7.5%评定。

② 崩解时限：参见8.2.2。

③ 硬度：参见8.2.2。

④ 含量测定：取本品20片，精密称定，研细，精密称取适量（约相当于维生素C 0.2g），置100mL量瓶中，加新沸过的冷水100mL与稀醋酸10mL的混合液适量，振摇使维生素C溶解并稀释至刻度，摇匀，经干燥滤纸迅速滤过，精密量取续滤液50mL，用碘滴定液（0.1mol/L）滴定，至蓝色并持续30s不褪。每1mL碘液相当于8.806mg的$C_6H_8C_6$。

8.3.5 注意事项

① 维生素C在润湿状态较易分解变色，尤其与金属（如铜、铁）接触时，更易于变色。因此，为避免在润湿状态下分解变色，应尽量缩短制粒时间，并宜60℃以下干燥。

② 处方中酒石酸用以防止维生素C遇金属离子变色，因它对金属离子有络合作用。也可改用2%枸橼酸，有同样效果。由于酒石酸的量小，为混合均匀，宜先溶入适量润湿剂50%乙醇中。

8.3.6 实验结果与讨论

填写下列实验结果：

①外观；②片重差异；③崩解时限；④硬度；⑤含量。

思　考　题

1. 试分析维生素C处方中各辅料成分的作用，并说明如何正确使用。
2. 试讨论药品生产质量管理规范（GMP）对片剂生产环境的要求。
3. 试讨论工业上如何对片剂的生产进行组织和管理。

（四川大学　马丽芳编写）

8.4 包衣片的制备

8.4.1 学习目标

- 掌握片剂包薄膜衣的工艺过程；
- 熟悉包衣片的质量检查。

8.4.2 实验原理

为了掩盖药物的不良气味，提高药物的稳定性，改变药物释放的位置和速度等，在片剂表面包适宜材料的衣层，成为包衣片。包衣片的质量要求有衣层均匀、牢固、光洁、美观、色泽一致、无裂片，不影响药物的崩解、溶出、吸收等。

包衣的种类有糖衣和薄膜衣，其中薄膜衣是指片芯外包一层比较稳定的聚合物衣料，使被包药片具备胃溶、肠溶、长效缓释的作用。薄膜包衣液含成膜材料、增塑剂、溶剂等。常见的成膜材料有纤维素衍生物［羟丙基甲基纤维素(HPMC)、羟丙基纤维素（HPC)］、聚乙二醇（PEG)、聚维酮 PVP、聚丙烯酸树脂、聚乙烯缩乙二醛二乙胺醋酸酯等。

包衣设备有锅包衣装置、转动包衣装置、流化包衣装置。

包衣锅：各种形式，各种材质，保证包衣质量的首要因素是包衣锅的转速和角度，对片芯在锅内保持良好的流动状态有密切关系。包衣锅的锅轴与水平所成的角度，直接影响片芯的交换和撞击，一般为 45°。包衣锅的转速直接影响包衣效率，包衣锅的转速应控制一定离心力，使片芯转至最高点呈弧形运动落下，作均匀有效翻转，使加入的衣料分布均匀。转速过慢，离心力小，片芯未达一定高度即落下，片剂交换滚圆效果不好，衣料不均匀；转速过快，离心力大，片芯不能落下，无滚动翻转。

锅底部有埋管，通包衣液、压缩空气、热空气。包衣液经喷头雾化，喷洒在片芯上，吹干热空气干燥。包衣片的质量检查包括：外观、片重、硬度、冲击强度、被覆强度、耐湿耐水、崩解时限、溶出度等。

8.4.3 实验仪器

粉碎机，智能溶出度仪，摇摆式颗粒机，干燥箱，实验用小型包衣机，高效包衣机，精密电子天平。

8.4.4 实验步骤

8.4.4.1 阿司匹林（素片）的制备

(1) 处方

阿司匹林	3.0kg	干淀粉	0.615kg
淀粉	0.4kg	滑石粉	0.1kg
枸橼酸	0.015kg	制成	10000 片
淀粉浆	适量		

(2) 操作　将阿司匹林、淀粉混合均匀，加含枸橼酸的 10%淀粉浆制成软材，16 目筛制粒，65℃以下干燥，16 目筛整粒，加入干淀粉、滑石粉混匀，压片。

(3) 质量检查与评定

片重差异。

硬度试验。

8.4.4.2 阿司匹林肠溶薄膜衣片的制备

（1）肠溶薄膜包衣液处方

聚丙烯酸树脂Ⅱ号	1.375g	邻苯二甲酸二乙酯	0.44g
聚丙烯酸树脂Ⅲ号	1.375g	吐温-80(聚山梨醇-80)	0.44g
蓖麻油	1.38g	95％乙醇	46.80g

（2）操作 包衣液的配制：将树脂加入处方量的乙醇中，稍加搅拌后放置过夜，再搅拌溶解。然后加入处方中其他成分，搅拌溶解。

包衣：采用实验用小型包衣机，加入适量所制的阿司匹林素片，转动包衣锅，吹热风，将片剂预热至约40℃，喷入包衣液适量，先吹40℃热风1～2min，再改吹50～60℃热风5～10min，干燥后再重复喷液、吹风干燥约8～10次，出锅后放入干燥器待质量检查。

（3）质量检查

① 外观检查：观察包衣片是否圆整、表面有否缺陷（碎片、粘连、剥落、起皱、起泡、色斑、起霜）、表面粗度、光泽度。

② 测定包衣片的片重，与素片比较。

③ 测定包衣片的硬度，与素片比较。

④ 冲击强度试验：取10片包衣片分别在1m高度下自由落在玻璃板上，记录片面产生裂缝或缺陷所占的比例；也可将10片包衣片置于片剂四用测定仪的脆碎度测定盒内，振荡10min，片面应无变化。

⑤ 被覆强度试验（抗热试验）：取50片包衣片置250W红外线灯下15cm处受热4h，片面应无变化。

⑥ 耐湿耐水试验：10片包衣片置于恒温、恒湿装置中，经过一定时间，以片剂增重为指标表示耐湿耐水性，或将包衣片放入纯化水中浸渍5min，取出称重，计算增加的重量。

8.4.5 注意事项

① 投片前检查素片外观质量是否合格，合格将片芯过筛，除去细粉后再投入包衣锅。

② 喷雾时掌握好喷量与吹风的关系，既要保持片面略带润湿，又需防止片面粘连。温度应适中，如温度过高，干燥太快，成膜不好；温度低干燥太慢，会导致粘连。

③ 实验用包衣锅需要加装变频器以实现转速的精密控制；并使用硅橡胶条和硅氧烷黏结剂在包衣锅内增装5～6块硅橡胶挡板，以便提高混合效果。

8.4.6 实验结果与讨论

填写下列实验结果。

①外观；②片重：与片芯进行比较；③硬度：与片芯进行比较；④冲击强度；⑤被覆强度；⑥耐湿耐水；⑦崩解时限。

思考题

1. 试分析包衣液各组分的作用。
2. 影响包衣片质量的因素有哪些？
3. 在包衣过程中应注意什么？

（四川大学 马丽芳编写）

8.5 缓释片的制备

8.5.1 学习目标

- 掌握缓释片的制备工艺；
- 学会缓释片质量检查方法。

8.5.2 实验原理

缓释制剂通常是指口服给药后能在机体内缓慢释放药物，使达有效血浓度，并能维持相当长时间的制剂，其药物释放主要是一级速率过程。对于注射型缓释制剂，药物释放可持续数天至数月，口服缓释剂型的持续时间根据其在消化道内的滞留时间，可达8～10h。缓释制剂可较持久地传递药物，减少用药频率，降低血浓峰谷现象，提高药效和安全性。

8.5.3 实验仪器

粉碎机，振动筛，摇摆式颗粒机，干燥箱，单冲压片机，片剂四用测定仪，智能溶出试验仪，紫外-可见分光光度计，电子分析天平。

8.5.4 实验步骤

8.5.4.1 普通片的制备

(1) 处方组成

茶碱	10g	淀粉浆(8%)	适量
淀粉	3g	硬脂酸镁	0.14g

(2) 制备普通片的操作　按量称取茶碱，过80目筛，加入一半量的淀粉，混合均匀。然后用冲浆法制备8%淀粉浆（将淀粉先加1～1.5倍冷水，搅匀，再冲入全量的沸水，不断搅拌至成半透明糊状）。将淀粉浆与茶碱混合制成软材，18目筛制湿颗粒，于60℃干燥，然后再用18目筛整粒，加入余下的淀粉及硬脂酸镁混匀，称重，计算片重，以直径为7mm的冲模压片。

8.5.4.2 溶蚀性骨架片的制备

(1) 溶蚀性骨架片的处方组成

茶碱	10g	羟丙基甲基纤维素	0.1g
硬脂醇	1g	硬脂酸镁	0.14g

(2) 制备溶蚀性骨架片的操作　按量称取茶碱，过80目筛，另将硬脂醇置蒸发皿中，于80℃水浴上加热熔融，加入茶碱搅匀，冷后，置研钵中研碎。加羟丙基甲基纤维素胶浆（以70%的乙醇3mL制得）制成软材（若胶浆量不足，可再加70%乙醇适量），18目筛制湿颗粒，于60℃干燥，再用18目筛整粒，加入硬脂酸镁混合均匀，称重，计算片重，以直径为7mm的冲模压片。

8.5.4.3 质量检查与评定

(1) 释放度试验

① 标准曲线的制备　精密称定茶碱对照品约20mg，置100mL量瓶中，加0.1mol/L的盐酸溶液溶解、定容。精密吸取此液10mL，置50mL量瓶中，加0.1mol/L的盐酸溶液定容40μg/mL。然后取此溶液0.2mL、0.5mL、1mL、3mL、4mL分别置于5个10mL量瓶

中，加 0.1mol/L 的盐酸溶液定容，即配成浓度分别为 0.8μg/mL、2μg/mL、4μg/mL、12μg/mL、16μg/mL 的溶液。按照分光光度法，在 270nm 的波长处测定吸光度。对溶液浓度与吸光度进行回归分析得到标准曲线回归方程。

② 释放度试验　取制得的茶碱缓释片 1 片，精密称定重量，置转篮中，采用下列条件进行释放度试验。

释放介质：0.1mol/L 盐酸 900mL。

温度：37℃±0.5℃。

转篮速度：100r/min。

取样时间：1h、2h、3h、4h、6h。

取样及分析方法：每次取样 3mL，同时补加同体积释放介质。样品液用 0.8μm 微孔滤膜过滤，取滤液 1mL，置 10mL 容量瓶中，用 0.1mol/L 的盐酸溶液定容。按照分光光度法，在 270nm 的波长处测定吸光度。

普通片在上述条件下于 30min 取样按上法测定。

(2) 片重差异　取药 20 片，精密称定总重量，求得平均片重后，再分别精密称定各片的重量。每片重量与平均片重相比较，超出重量限度的药片不得超过 2 片，并不得有一片超出限度 1 倍。

(3) 硬度　取样品采用四用测定仪测定药片的硬度，求出平均硬度，使之符合一定的标准。

思　考　题

1. 如何设计缓释制剂？应考虑哪些主要问题？
2. 骨架型缓释制剂有哪些类型？

（四川大学　马丽芳编写）

8.6 盐酸二甲双胍缓释片体外溶出度测定

8.6.1 学习目标

- 了解溶出度仪的机械校验要点；
- 了解盐酸二甲双胍的 BCS（生物药剂学）分类，并从结构-性能关系上简要解释；
- 熟悉容量瓶、移液管、天平、溶出度仪的使用；
- 掌握磷酸缓冲液的配制；
- 掌握 $f2$ 因子计算溶出度曲线相似度的基本要求。

8.6.2 实验原理

(1) 缓释片溶出度测定　缓释制剂按照普通制剂方法操作，采用篮法或浆法进行溶出度测定。但至少采用三个取样时间点，在规定取样时间点，吸取溶液适量，及时补充相同体积的温度为 37℃±0.5℃的溶出介质，滤过，自取样至滤过应在 30s 内完成。按照各品种项下规定的方法测定，计算每片（粒）的溶出量。

缓释制剂除另有规定外，符合下述条件之一者，可判为符合规定：

① 6 片（粒）中，每片（粒）在每个时间点测得的溶出量按标示量计算，均未超出规定范围；

② 6 片（粒）中，在每个时间点测得的溶出量，如有 1～2 片（粒）超出规定范围，但未超出规定范围的 10%，且在每个时间点测得的平均溶出量未超出规定范围；

③ 6 片（粒）中，在每个时间点测得的溶出量，如有 1～2 片（粒）超出规定范围，其中仅有 1 片（粒）超出规定范围的 10%，但未超出规定范围的 20%，且其平均溶出量未超出规定范围，应另取 6 片（粒）复试；初、复试的 12 片（粒）中，在每个时间点测得的溶出量，如有 1～3 片（粒）超出规定范围，其中仅有 1 片（粒）超出规定范围的 10%，但未超出规定范围的 20 %，且其平均溶出量未超出规定范围。

以上结果判断中所示超出规定范围的 10%、20%是指相对于标示量的百分数（%），其中超出规定范围 10%是指每个时间点测得的溶出量不低于低限的－10%，或不超过高限的＋10%；每个时间点测得的溶出量应包括最终时间测得的溶出量。

（2）溶出曲线的比较　药品上市后发生较小变更时，采用单点溶出度试验可能就足以确认其是否未改变药品的质量和性能。发生较大变更时，则推荐对变更前后产品在相同的溶出条件下进行溶出曲线比较。在整体溶出曲线相似以及每一采样时间点溶出度相似时，可认为两者溶出行为相似。可采用非模型依赖法或模型依赖法进行溶出曲线的比较。

① 采用差异因子（$f1$）或相似因子（$f2$）来比较溶出曲线是一种简单的非模型依赖方法。差异因子（$f1$）法是计算两条溶出曲线在每一时间点的差异（%），是衡量两条曲线相对偏差的参数，计算公式为

$$f1/\% = \left\{ \left[\sum_{t=1}^{n} | R_t - T_t | \right] \Big/ \left[\sum_{t=1}^{n} R_t \right] \right\} \times 100 \tag{8-2}$$

式中，n 为取样时间点个数；R_t 为参比样品（或变更前样品）在 t 时刻的溶出度值，T_t 为试验批次（变更后样品）在 t 时刻的溶出度值。

② 相似因子（$f2$）是衡量两条溶出曲线相似度的参数，计算公式为

$$f2/\% = 50 \times \log \left[1 + (1/n) \sum_{t=1}^{n} (R_t - T_t)^2 \right]^{-0.5} \times 100 \tag{8-3}$$

式中，n 为取样时间点个数；R_t 为参比样品（或变更前样品）在 t 时刻的溶出度值；T_t 为实验批次（变更后样品）在 t 时刻的溶出度值。

（3）相似因子的具体测定步骤如下：

① 分别取受试（变更后）和参比样品（变更前）各 12 片（粒），测定其溶出曲线。

② 取两条曲线上各时间点的平均溶出度值，根据上述公式计算差异因子（$f1$）或相似因子（$f2$）；各时间点的相对偏差（RSD）应符合规定。

③ $f1$ 值越接近 0，$f2$ 值越接近 100，则认为两条曲线相似。一般情况下，$f1$ 值小于 15 或 $f2$ 值高于 50，可认为两条曲线具有相似性，受试（变更后）与参比样品（变更前）具有等效性。

8.6.3 试剂与仪器

材料：纯化水，二甲双胍对照品，氢氧化钠，磷酸二氢钾，盐酸二甲双胍缓释片。

仪器：烧杯，量筒，玻璃棒，滴管，容量瓶（25mL、100mL），溶出度测试仪，紫外分光光度计，一次性使用无菌注射器，精密电子分析天平。

8.6.4 实验方法

（1）pH 为 6.8 的磷酸缓冲液的配制

① 配制 0.2mol/L 磷酸二氢钾溶液：取 27.22g 磷酸二氢钾，用水溶解并稀释至 1000mL。

② 配制 0.2mol/L 氢氧化钠溶液：取 8.00g 氢氧化钠，用水溶解并稀释至 1000mL。取 250mL 0.2mol/L 磷酸二氢钾溶液与表 8-4 中规定量的 0.2mol/L 氢氧化钠溶液混合后，再加水稀释至 1000mL，摇匀，即得。

表 8-4 配置不同 pH 溶液下 0.2mol/L 氢氧化钠量

pH 值	4.5	5.5	5.8	6.0	6.2	6.4	6.6
0.2mol/L 氢氧化钠溶液/mL	0	9.0	18.0	28.0	40.5	58.0	82.0
pH 值	6.8	7.0	7.2	7.4	7.6	7.8	8.0
0.2mol/L 氢氧化钠溶液/mL	112.0	145.5	173.5	195.5	212.0	222.5	230.5

③ 向 250mL 0.2mol/L 的磷酸二氢钾溶液中加入 112mL 0.2mol/L 氢氧化钠溶液，再定容至 1000mL，得到 pH 为 6.8 的磷酸缓冲液。

（2）参比溶液的配制

① 精密称取 20mg 二甲双胍对照品至 250mL 容量瓶中，采用 pH＝6.8 的磷酸缓冲液溶解，定容，作为母液。

② 另取 6mL 原液至 100mL 容量瓶中，采用 pH＝6.8 的磷酸缓冲液定容，摇匀，即得对照品溶液，用紫外分光光度计测定吸光度。

（3）盐酸二甲双胍溶出度测定

① 对仪器装置进行必要的调试，使桨叶底部距溶出杯的内底部 25mm±2mm。

② 分别量取配制好的磷酸缓冲液 900mL 置各溶出杯内，实际量取的体积与规定体积的偏差应在±1% 范围之内。

③ 溶出磷酸缓冲液恒定在 37℃±0.5℃后，取供试品 3 片，分别投入 3 个干燥的溶出杯内，将搅拌桨降入溶出杯中。

④ 设置 3 次取样时间，按各品种项下规定的转速启动仪器，转速设置为 100r，计时。

⑤ 至规定的取样时间（实际取样时间与规定时间的差异不得过±2%），吸取溶出液 5mL。根据标准品溶液吸光度调整溶出液的稀释度。（取样位置应在桨叶顶端至液面的中点，距溶出杯内壁 10mm 处；需多次取样时，所量取溶出介质的体积之和应在溶出介质总体积的 1%之内，如超过总体积的 1%时，应及时补充相同体积的温度为 37℃±0.5℃的溶出介质，或在计算时加以校正），并立即用适当的微孔滤膜滤过。

⑥ 取澄清滤液，用紫外分光光度计测吸光度。

8.6.5 实验结果和计算

（1）精密量取滤液适量，用水定量稀释制成每 1mL 中约含 5μg 的溶液，采用紫外-可见分光光度法，在 232nm 的波长处测定吸光度；另取盐酸二甲双胍对照品，精密称定，加水溶解并定量稀释制成每 1mL 中约含 5mg 的溶液，同法测定。计算，即得每片的溶出量。

（2）根据不同时间测定得到的溶出度数据绘制溶出度曲线。

（3）计算 $f2$ 因子，讨论溶出度曲线的相似度。

思 考 题

1. 盐酸二甲双胍的体内主要吸收部位在哪里？这个部位有什么特点？

2. 实验中，溶出杯中的盐酸二甲双胍片有什么形态变化？这种形态变化对于其预定释放特性是有利还是不利？为什么？

3. 每一时间点取得的3个溶出度数据，必须经过什么计算并达到要求后才能用于相似度计算？

4.《中国药典》规定每个时间点至少应该取几个数据？

（四川大学 承强编写）

8.7 微胶囊的制备

8.7.1 学习目标

- 了解制备微胶囊的常用方法；
- 了解影响微胶囊成型的因素；
- 掌握复凝聚法制备微胶囊的基本原理和方法。

8.7.2 实验原理

微胶囊技术是一种用成膜材料（壁材）把固体或液体药物（囊心）包覆使形成微小粒子的技术。得到的微小粒子叫微胶囊。

微胶囊的制法有多种，如界面聚合法、油相分离法、水相分离法（包括单凝聚法和复凝聚法）等。相分离方法的共同特点是改变条件使溶解状态的成膜材料从溶液中沉聚出来，并将囊心包覆形成微胶囊。其中复凝聚法是一种较为常用、方便的方法。复凝聚法的特点是使用两种带有相反电荷的水溶性高分子电解质作为成膜材料，当两种胶体溶液混合时，由于电荷互相中和而引起成膜材料从溶液中凝聚产生凝聚相。例如当pH值在A型明胶等电点（pH=7～9）以上时将明胶与阿拉伯胶水溶液混合，由于明胶此时与阿拉伯胶粒子都带有负电荷，并不发生相互吸引的凝聚作用。而把溶液pH值调到明胶等电点以下（pH=3.8～4.0）时，明胶粒子变成带正电荷的粒子，此时与带负电荷的阿拉伯胶粒子相互吸引发生电性中和而凝聚，并对在溶液中分散的囊心进行包覆形成微胶囊。

实践证明，为了从明胶-阿拉伯胶混合胶体溶液中获得实用的复合凝聚相，必须满足以下条件。

① 在配制的胶体溶液中，明胶、阿拉伯胶的浓度不能过高。

② 溶液的pH值在4.5以下（一般在4.0～4.5）。保持合适的pH值是保证带正、负电荷的高分子电解质发生凝聚的必要条件。

③ 反应体系温度要高于明胶水溶液胶凝点35℃左右。而通常的明胶水溶液的胶凝点在0～5℃，即保持在35～40℃为宜。当体系温度过低时，明胶有单独形成凝胶析出的可能，为保证复合凝聚相的产生，反应体系温度通常保持在40℃左右。

④ 通过相分离从胶体水溶液体系生成凝聚相的过程是溶胶与凝胶之间可逆变化的过程，如果平衡被破坏，凝聚相就会消失。如果要得到硬化不再溶解的明胶壁膜，则必须加入甲醛进行固化处理。固化处理时要控制温度在 0～5℃，并加碱调节 pH=8～10 的弱碱性范围，以防止交联过程中微胶囊之间的相互黏结。

8.7.3 试剂与仪器

试剂：A 型明胶，阿拉伯胶，鱼肝油，10%醋酸溶液，10%氢氧化钠溶液，甲醛溶液（37%）等。

仪器：电磁搅拌器，水浴，烧杯（500mL，250mL 及 50mL），显微镜，普通天平，乳钵等。

8.7.4 实验步骤

（1）处方

鱼肝油	3.0g	10%醋酸溶液	适量
A 型明胶	5.0g	10%氢氧化钠溶液	适量
阿拉伯胶	5.0g	甲醛溶液(37%)	4.0mL

（2）操作

① 制备阿拉伯胶液　取阿拉伯胶 5g，蒸馏水 100mL，至于 60℃水浴中温热溶解，备用，并测定其 pH 值。

② 制备鱼肝油乳剂　取 A 型明胶 3.5g，加蒸馏水 50mL，置于 60℃水浴中温热溶解，备用。

另取 A 型明胶 1.5g 置乳钵中研细，加鱼肝油 3.0g，蒸馏水 2mL，急速研磨成初乳，再分次加入上述 A 型明胶液，边加边研，成为均匀的乳剂，在搅拌条件下加入 50mL 约 50℃蒸馏水，使之均匀。然后在显微镜下检查并绘图，同时测定乳剂的 pH 值。

③ 混合　在上述鱼肝油乳液中，边搅拌边加入 60mL 阿拉伯胶液，取此混合液在显微镜下观察并绘图，且测定混合液的 pH 值，混合液维持在 50℃左右。

④ 成囊　在搅拌下滴加 10%醋酸溶液，调节混合液至 pH=4.0 左右，在显微镜下观察是否形成微囊并绘图。

⑤ 第二次加胶　加入剩余的 40mL 阿拉伯胶液，使之全部成囊。必要时加酸调节。

⑥ 固化　在搅拌下加入 40℃左右的蒸馏水 230～250mL 后从水浴中取出，继续搅拌，待冷至 32～35℃时，移至冰浴中，搅拌，急速降温至 10℃以下，用 10%氢氧化钠溶液调至 pH=8～10，加入 37%甲醛溶液 40mL，搅拌 1h 后在显微镜下观察，绘图并测量微胶囊大小。

⑦ 过滤、干燥　从冰浴中取出微胶囊液，静止待微胶囊下沉，抽滤，用蒸馏水洗涤，加入 6%淀粉，用 20 目筛制粒，50℃以下干燥，称重，计算收率。

8.7.5 实验结果和计算

（1）测量结果　用显微镜测量微胶囊的大小，并将测量结果及其他数据填入表 8-6 中。

（2）收率的计算　将计算结果填入表 8-5 中。

表 8-5 鱼肝油微胶囊制备记录

碱化用10%氢氧化钠溶液量/mL	
加入淀粉量/g	
固化用甲醛量/g	
显微镜观察微胶囊平均直径/μm	
A型明胶乳剂pH值	
阿拉伯胶液pH值	
混合液pH值	
湿胶囊重量/g	
干胶囊重量/g	
收率/%	

思 考 题

1. 为什么加入甲醛前，要用10%氢氧化钠溶液调节pH为8～10?
2. 哪些材料可作为微胶囊的壁材?
3. 反应体系温度为什么要保持在40℃左右?

（西北大学　郝红编写）

8.8 水杨酸滴丸的制备

8.8.1 学习目标

- 掌握滴丸剂制备的基本原理、常用方法，熟悉滴丸剂制备过程及基本操作技能；
- 了解滴丸机结构，能够自行设计滴丸制备实验。

8.8.2 实验原理

滴丸剂是将固体或液体药物与基质加热熔化混匀后，滴入不相混溶的冷凝液中，收缩而制成的固体分散制剂；由于药物呈高度分散状态，增加了药物的溶解度和溶出速度，可以提高生物利用度，同时可减少剂量而降低毒副作用，还可使液体药物固体化而便于应用。利用不同性质基质可以控制药物释放速度。

滴丸常用基质有水溶性和非水溶性两类。水溶性基质有PEG类、甘油明胶等，能使药物快速释放；非水溶性基质有硬脂酸、单硬脂酸甘油酯等，可使药物缓慢释放。

滴丸的制备常采用固体分散体的方法，即将药物溶解、乳化或混悬于适宜熔融基质中，并通过一适宜口径的滴管，滴入另一不相溶的冷凝剂中，这时含有药物的基质骤然冷却成形。

滴制法制丸的质量（重量与形态）与滴管口径、熔融液的温度、冷凝液的密度、上下温度差及滴管距冷凝液面距离等因素有关。

滴丸制备中所用的冷凝液要求相对密度应轻于或重于基质，但相差不能太大。适用于水溶性基质的冷凝液有液体石蜡，植物油和甲基硅油等，非水溶性基质则常用水、乙醇及水醇混合液等。

8.8.3 试剂与仪器

试剂：水杨酸、医用硅油、聚乙二醇 400（PEG400）、聚乙二醇 6000（PEG6000）。

仪器：实验室滴丸恒温成型器（316L 不锈钢材质，四川大学制药工程实验室自制），滴丸冷却柱（聚甲基丙烯酸甲酯材质），搅拌器，电动搅拌机等。

8.8.4 实验步骤

（1）处方　水杨酸 20g，聚乙二醇 400 34g，聚乙二醇 6000 46g。

（2）操作

① 聚乙二醇、水杨酸在 60℃水浴中加热，搅拌熔化成熔液。

② 将医用硅油在冰箱中冷藏，使其温度在 5～10℃。

③ 将 5～10℃医用硅油 1000mL 注入冷却柱，滴丸恒温成型器的外加热线圈通电，加入水杨酸-PEG 熔体，成型器内熔体温度控制在 65～70℃，使其自流出液滴，并落入冷却柱。

④ 将冷却后的滴丸取出，沥干硅油，再盛入预先制好的医用纱布小袋，于小型三足式布袋离心机（或者系于电动搅拌机转轴上）离心除去滴丸表面的硅油。

⑤ 将离心后的滴丸置于白瓷盘中，用医用纱布反复擦拭滴丸表面，进一步除去滴丸表面的硅油。

⑥ 目视或在显微镜下观察滴丸形貌。

8.8.5 实验结果和计算

用显微镜测量滴丸直径和重量，样本量为 30～50 粒，记录其最大值、最小值和平均值。

思 考 题

1. 实验中滴丸大小的控制是来源于什么因素？如果放大为工业生产，该如何控制？
2. 滴丸成型的最主要缺陷是什么？

（四川大学　承强编写）

9 液体制剂

9.1 纯化水的制备

9.1.1 学习目标

- 掌握纯化水、注射用水制备的原理和方法；
- 学会纯化水、注射用水的检验方法。

9.1.2 实验原理

制药用水包括纯化水、注射用水与灭菌注射用水。纯化水为自来水经离子交换法、反渗透法或电渗析法制得的水，可用于配制普通制剂的溶剂或试验用水。注射用水为纯化水经蒸馏所得的水，为配制注射剂用的溶剂。灭菌注射用水为注射用水经灭菌制得的水，主要用于注射用灭菌粉末的溶剂或注射剂用的稀释剂。灭菌注射用水的制备工艺流程如下。

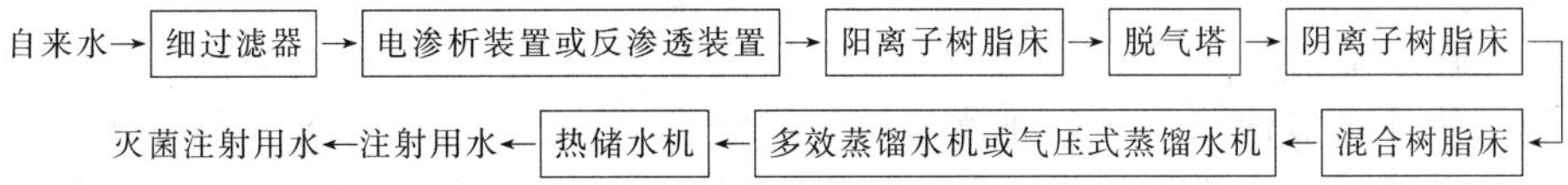

自来水→细过滤器→电渗析装置或反渗透装置→阳离子树脂床→脱气塔→阴离子树脂床→

灭菌注射用水←注射用水←热储水机←多效蒸馏水机或气压式蒸馏水机←混合树脂床←

电渗析法或反渗透法主要用于自来水的预处理，可减轻离子交换树脂的负担。电渗析法利用离子在电场作用下定向迁移和交换膜的选择性渗透作用，将阳离子交换膜装在阴极端，只允许阳离子通过，阴离子交换膜装在阳极端，只允许阴离子通过。电渗析法可用于制备离子含量较高的水。反渗透系在盐溶液上施加大于该盐溶液渗透压的压力，则盐溶液中的水将向纯水一侧渗透。反渗透法常用的膜材有醋酸纤维膜和聚酰胺膜。

离子交换法是利用阴、阳离子交换树脂除去绝大部分阴、阳离子，同时对热原、细菌有一定清除作用。常用的阴离子交换树脂有 717 型苯乙烯强碱性阴离子交换树脂，有羟型 $[RN^+(CH_3)_3OH^-]$ 和氯型 $[RN^+(CH_3)_3Cl^-]$ 两种；常用的阳离子交换树脂有 732 型苯乙烯强酸性阳离子交换树脂，有氢型（$RSO_3^- H^+$）和钠型（$RSO_3^- Na^+$）两种。市售的为钠型（阳）和氯型（阴），使用时需分别用盐酸和氢氧化钠转化为氢型和羟型。处理原水时可采用阳床、阴床、混合床（阴、阳树脂以一定比例混合组成）的组合形式，为减轻阴床的负担，常在阳床后加脱气塔，除去二氧化碳。使用一定时间后，需用酸、碱使阳、阴离子交换树脂再生，或更换。此时所得的水为纯化水。

注射用水为纯化水经蒸馏所得的水，《中华人民共和国药典》2015 年版二部“注射用水”收载的制备注射用水的方法为蒸馏法，即纯化水经蒸馏得到注射用水。

灭菌注射用水为注射用水照注射剂生产工艺制备而得。

9.1.3 实验仪器

纯化水制备器，蒸馏水器。

9.1.4 实验步骤

9.1.4.1 纯化水的制备与质量检查

观察纯化水制备器的结构，指出各部分的工作原理。在一定的间隔时间内取水样 3 份，分别按下述方法进行质量检查。

（1）性状 观察所制的纯化水，应为无色澄明、无臭、无味的液体。

（2）酸碱度 取样品 10mL 加甲基红指示液 2 滴，不得显红色；另取样品 10mL，加麝香草酚蓝指示液 5 滴，不得显蓝色。

（3）氯化物、硫酸盐与钙盐 取 3 支试管，分别加样品 50mL。第一管中加硝酸 5 滴与硝酸银试液 1mL，第二管中加氯化钡试液 2mL，第三管中加草酸铵试液 2mL，均不得发生混浊。

（4）硝酸盐

① 取硝酸钾 0.163g，加水溶解并稀释至 100mL，摇匀，精密量取 1mL，加水稀释至 100mL，再精密量取 10mL，加水稀释成 100mL，摇匀，即得标准硝酸盐溶液。

② 取 2 支试管，1 支中加标准硝酸盐溶液 0.3mL，加无硝酸盐的水溶液 4.7mL，另一支加样品 5mL，将 2 支试管于冰浴中冷却，加 10％氯化钾溶液 0.4mL 与 0.1％二苯胺硫酸溶液 0.1mL，摇匀，缓缓滴加硫酸 5mL，摇匀，将试管于 50℃水浴中放置 15min，样品溶液产生的蓝色不得比标准硝酸盐溶液产生的蓝色更深。表明样品水的硝酸盐浓度小于 0.000006％。

（5）亚硝酸盐

① 取干燥亚硝酸钠 0.750g，加水溶解，稀释至 100mL，摇匀，精密量取 1mL，加水稀释成 100mL，摇匀，再精密量取 1mL，加水稀释成 50mL，摇匀，即得标准亚硝酸盐溶液。

② 取 2 支纳氏管，1 支中加标准硝酸盐溶液 0.2mL，加无亚硝酸盐的水 9.8mL，另一支加样品 10mL，分别加对氨基苯磺酰胺的稀盐酸溶液（1→100）1mL 及盐酸萘乙二胺溶液（0.1→100）1mL，样品溶液产生的粉红色不得比标准亚硝酸盐溶液产生的粉红色更深。表明样品水中亚硝酸盐浓度小于 0.000002％。

（6）氨

① 氯化铵溶液的配制：取氯化铵 31.5mg，加无氨的水适量使溶解并稀释成 1000mL。

② 取样品 50mL，加碱性碘化汞钾试液 2mL，放置 15min；如显色，加上述配制的氯化铵溶液 1.5mL，加无氨的水 48mL 与碱性碘化汞钾试液 2mL 制成的对照液比较，不得更深。表明样品水的氨浓度小于 0.00003％。

（7）二氧化碳 取样品 25mL，置 50mL 具塞量筒中，加氢氧化钙试液 25mL，密塞振摇，放置，1h 内不得发生混浊。

（8）易氧化物 取样品 100mL，加稀硫酸 10mL，煮沸后，加高锰酸钾滴定液 0.10mL（0.02mL），再煮沸 10min，粉红色不得完全消失。

（9）不挥发物 取样品 100mL，置 105℃恒重的蒸发皿中，在水浴上蒸干，并在 105℃干燥至恒重，遗留残渣不得过 1mg。

（10）重金属 取样品 40mL，加醋酸盐缓冲液（pH＝3.5）2mL 与硫代乙酰胺试液 2mL，摇匀，放置 2min，与标准铅溶液 2.0mL 加水 38mL 用同一方法处理后的颜色比较，不得更深。表明样品水的铅浓度小于 0.00005％。

9.1.4.2 注射用水的制备与质量检查

以检验合格纯化水为原水，使用蒸馏水机制备注射用水。按下述方法进行质量检查。

(1) 性状 观察所制的纯化水，应为无色澄明、无臭、无味的液体。

(2) 检查

① pH值 应为5.0～7.0（照《中华人民共和国药典》2015年版二部“注射用水”）。

② 氨 取所制注射用水50mL，照纯化水项下的方法检查，但对照用氯化铵溶液改为1.0mL。

③ 细菌内毒素 取所制注射用水，照《中华人民共和国药典》2015年版二部“注射用水”依法检查，每1mL中含内毒素量应小于0.25EU。

④ 氯化物、硫酸盐与钙盐、硝酸盐、亚硝酸盐、二氧化碳、易氧化物、不挥发物、重金属 照纯化水项下的方法检查。

9.1.5 实验结果与讨论

9.1.5.1 纯化水

应检查的主要指标 包括性状、酸碱度、氯化物、硝酸盐、亚硝酸盐、氨、二氧化碳、易氧化物、不挥发物、重金属。

9.1.5.2 注射用水

应检查的主要内容 性状：观察所制的纯化水。检查指标：pH值、氨、细菌内毒素、氯化物、硫酸盐与钙盐、硝酸盐、亚硝酸盐、二氧化碳、易氧化物、不挥发物、重金属。

思 考 题

1. 储存注射用水应注意什么？
2. 多效蒸馏水机的工作原理和特点如何？

9.2 溶液型液体制剂的制备

9.2.1 学习目标

- 掌握液体制剂制备过程的基本操作；
- 掌握液体制剂的质量检查；
- 了解液体制剂中常用附加剂的正确使用与确定络合助溶剂的用量。

9.2.2 实验原理

溶液型液体制剂（溶液剂）是药物以分子或离子状态分散在溶剂中，可供内服或外用的真溶液。溶液剂的分散相小于1nm，均匀澄明并能通过半透膜。

胶体型液体制剂是指某些固体药物以1～500nm大小的质点分散于适当分散介质中的制剂，胶体型液体制剂所用的分散介质，大多数为水，少数为非水溶剂，如乙醇、丙酮等。

溶液型液体制剂的制备方法有溶解法和稀释法。溶解法的制备流程为

原辅料称量→溶解→过滤→质检→分装

液体药物既可称取也可用量具量取，取后需用溶剂淌洗取用器皿，淌洗液并入所配溶液中。难溶性药物可加入适宜的增溶剂或助溶剂；溶解度较小的药物先加入，待其溶解后再加入其他易溶性药物；挥发性药物最后加入；对易氧化的药物，应加入适宜的抗氧剂，溶解时

宜将溶剂煮沸放冷后再溶解药物；溶解过程中可采用粉碎、搅拌、加热等措施，以加快溶解速度。

最后成品应进行质量检查，合格后选用清洁适宜的容器包装。

9.2.3 实验仪器

精密电子天平，恒温水浴，漏斗，量筒，研钵，细口瓶，烧杯。

9.2.4 实验步骤

9.2.4.1 复方硼酸钠溶液

(1) 处方

硼砂	0.75g	液体酚	0.15mL
甘油	1.75mL	蒸馏水	加至50.0mL
碳酸氢钠	0.75g		

硼砂、甘油及碳酸氢钠经化学反应生成甘油硼酸钠，其化学反应为

$$Na_2B_4O_7 \cdot 10H_2O + 4C_3H_5(OH)_3 \longrightarrow 2C_3H_5(OH)NaBO_3 + 2C_3H_5(OH)HBO_3 + 13H_2O$$

$$C_3H_5(OH)HBO_3 + NaHCO_3 \longrightarrow C_3H_5(OH)NaBO_3 + CO_2 + H_2O$$

甘油硼酸钠与酚均具有杀菌作用，碳酸氢钠使溶液呈碱性，能中和口腔中的酸性物质，故亦具有清洁黏膜的作用，常用其稀释五倍后作含漱剂。

(2) 配制　取硼砂溶于约25mL热蒸馏水中，放冷后加入碳酸氢钠使溶解。另取液体酚加入甘油中搅匀后，搅拌下加入硼砂和碳酸氢钠的混合溶液中，待停止产生气泡后，加适量蒸馏水使成50mL，过滤，即得。

9.2.4.2 复方苯甲酸搽剂

搽剂是一种外用液体制剂，供皮肤使用。搽剂的分散剂为乙醇和油，应用时涂于皮肤或涂于敷料后再贴于患处。搽剂有镇痛、保护、发赤、对抗刺激等作用，一般不能用于破损皮肤上。

本品对真菌有杀灭作用，故用于治疗手足癣。

(1) 处方

苯甲酸	12.0g	水杨酸	6.0g
樟脑	6.0g	75%乙醇液	加至100.0mL

(2) 制法　分别称取苯甲酸、水杨酸、樟脑，溶于约70mL 75%乙醇液中，再加入75%乙醇液至全量，搅匀即得。

9.2.4.3 甲酚皂溶液

(1) 处方

甲酚	25g	植物油	8.65g
氢氧化钠	1.4g	纯化水	加至50.0mL

处方中，因甲酚在水中溶解度小，氢氧化钠与植物油形成的肥皂，对甲酚有增溶作用，故可制成50%的甲酚皂溶液。

(2) 制法　取氢氧化钠，加水5mL溶解后，放冷至室温，不断搅拌下加入植物油中，使均匀乳化，放置30min，水浴慢慢加热。当皂体颜色逐渐加深并呈透明状时，再进行搅拌，趁热加甲酚搅拌至皂块溶解，放冷，加水至50mL。

9.2.4.4 酚甘油

甘油剂是指药物的甘油溶液或药物与甘油的混合液。专供外用，不可内服。某些药物在

水中不溶或溶解度较低时，可与甘油作用，形成可溶性溶液。

本品为杀菌剂。用于扁桃体炎、口腔溃疡、中耳炎等症的消炎止痛。

(1) 处方

苯酚	2.0g	枸橼酸钠	1.0g
纯化水	1.0g	甘油	加至100.0mL

(2) 制法

① 称取枸橼酸钠，溶解于1.0mL蒸馏水中，备用。

② 称取苯酚，加入适量甘油中，搅拌使其溶解，备用。

③ 将①项水溶液与②项甘油液合并，并添加甘油至全量100mL，搅匀即得。

9.2.4.5 硫酸亚铁糖浆

糖浆剂是指以蔗糖为溶质，以水或以含药水溶液为溶剂，所制得的饱和或近似饱和的液体制剂，专供内服。糖浆剂具有味甜可口、便于服用、渗透压大、抑制霉菌生长繁殖的特点。

本品为抗贫血药，治疗缺铁性贫血。

(1) 处方

硫酸亚铁	2g	蔗糖	41.25g
薄荷脑	0.01g	蒸馏水	加至50.0mL
枸橼酸	0.105g		

(2) 制法 取硫酸亚铁、枸橼酸、薄荷脑与蔗糖10g，加蒸馏水25mL，强烈振摇，溶解后反复过滤，至滤液澄明为止。加剩余的蔗糖与适量的蒸馏水，使全量成50mL，搅拌，溶解后，用纱布过滤，即得。

9.2.4.6 胃蛋白酶合剂

合剂是指以水为溶剂含有一种或一种以上药物成分的内服液体制剂（滴剂除外）。合剂中含有各种盐类、浸膏、醇液、糖浆剂等，彼此混合后最易发生化学反应，可能产生氧化还原、分解或化合反应，也可能产生有毒物质或不溶性物质，这些现象均应在配制合剂时注意。

本品为助消化药，适用于消化不良症。

(1) 处方

胃蛋白酶	1.20g	稀盐酸	1.20mL
单糖浆	12.0mL	蒸馏水	加至60.0mL

(2) 制法

① 制单糖浆，量取45mL蒸馏水，加热煮沸，加入85g蔗糖，搅拌溶解后，继续加热至沸，趁热过滤，自滤器上添加热蒸馏水至全量，搅匀即得。

② 制备合剂

(Ⅰ) 法：取稀盐酸与处方量约2/3的蒸馏水混合后，将胃蛋白酶撒在液面使膨胀溶解，必要时轻加搅拌，加单糖浆混匀，并加适量水至足量，即得。

(Ⅱ) 法：取胃蛋白酶加稀盐酸研磨，加蒸馏水溶解后加入单糖浆，再加水至足量混匀，即得。

(3) 质量检查与评定 比较两种操作方法制得的合剂质量，可借活性试验考察。

① 活性试验 精密吸取本品0.1mL，置试管中，另用吸管加入牛乳醋酸钠混合液

5mL，从开始加入时计起，迅速加毕，混匀，将试管倾斜，注视沿管壁流下的牛乳液，至开始出现乳酪蛋白的絮状沉淀为止，计时，记录凝固牛乳所需的时间，以上试验全部需在25℃进行。

② 醋酸钠缓冲液　取冰醋酸92g和氢氧化钠43g，分别溶于适量蒸馏水中，将两液混合。并加蒸馏水稀释成1000mL，此溶液的pH值为5。

③ 牛乳醋酸钠混合液　取等体积的醋酸钠缓冲液和鲜牛奶混合均匀即得。此混合液在室温密闭储存，可保存2周。

④ 计算　胃蛋白酶活性愈强。凝固牛乳愈快。即凝固牛乳液所需时间愈短，故规定凡胃蛋白酶能使牛乳液在60s末凝固时的活性强度称为1活性单位。为此20s末凝固的则为60/20，即3个活性单位，最后换算得到每1mL供试液的活性单位。

9.2.4.7　*薄荷水*

芳香水剂简称水剂，是指含有挥发油或其他挥发性芳香药物的饱和或近似饱和澄明的水溶液。芳香水剂应临用新制，不宜长期存放，主要用途是配制制剂的溶剂，且一般具有祛风矫味的作用。

本品为祛风调味药。用于神志不清，头昏欲睡等症。

(1) 处方

	Ⅰ	Ⅱ	Ⅲ
薄荷脑	0.09g	0.09g	0.09g
滑石粉	0.75g		
吐温-80(聚山梨醇-80)		0.6g	1g
90%乙醇			30mL
蒸馏水加至	50.0mL	50.0mL	50.0mL

(2) 制法

① 处方Ⅰ用分散溶解法　取薄荷脑，加滑石粉，在研钵中研匀，移至细口瓶中，加入蒸馏水，加盖，振摇10min后，反复过滤至滤液澄明，再由滤器上加适量蒸馏水，使成50mL，即得。

另用轻质碳酸镁、活性炭各0.75g，分别按上法制备薄荷水。记录不同分散剂制备薄荷水所观察到的结果。

② 处方Ⅱ用增溶法　取薄荷脑，加吐温-80搅匀，加入蒸馏水充分搅拌溶解，过滤至滤液澄明，再由滤器上加适量蒸馏水，使成50mL，即得。

③ 处方Ⅲ用增溶-复溶剂法　取薄荷脑，加吐温-80搅匀，在搅拌下，缓慢加入乙醇(90%)及蒸馏水适量溶解，过滤至滤液澄明，再由滤器上加适量蒸馏水制成50mL，即得。

9.2.4.8　*复方碘溶液*

本品治疗因缺碘引起的甲状腺肿、甲状腺功能亢进。

(1) 处方

碘	0.5g	蒸馏水	加至10mL
碘化钾	1g		

(2) 制法　取碘化钾，加蒸馏水适量，配成浓溶液，再加碘溶解后，最后添加适量的蒸馏水，使全量成10mL，即得。

9.2.5 注意事项

(1) 复方硼酸钠溶液的制备

① 硼砂易溶于热蒸馏水，但碳酸氢钠在40℃以上易分解，故先用热蒸馏水溶解硼砂，放冷后再加入碳酸氢钠。

② 将液体酚先溶于甘油中，能使其均匀分布于溶液中。

(2) 甲酚皂溶液的制备

① 甲酚在较高浓度时，对皮肤有刺激性，操作时应注意。

② 本实验中，甲酚皂溶液是钠肥皂形成胶团使微溶于水的甲酚增溶而制得稠厚的红棕色胶体溶液。皂化是否完全与成品的质量有密切关系，操作时务必使皂化完全。

(3) 硫酸亚铁糖浆的制备

① 硫酸亚铁糖浆采用冷溶法制备，薄荷脑不能完全溶解，有一部分油析出，应用水湿润的滤材反复过滤澄清。

② 蔗糖宜按上法分次加入溶解，避免溶液黏稠，不易过滤。

③ 硫酸亚铁在水溶液中容易氧化，加入枸橼酸使溶液呈酸性，能促使蔗糖转化成果糖和葡萄糖，具有还原性，有助于阻滞硫酸亚铁的氧化。

(4) 胃蛋白酶合剂的制备

① 胃蛋白酶极易吸潮，称取操作宜迅速，胃蛋白酶的消化力应为1∶3000，若用其他规格则用量应按规定折算。

② 强力搅拌，以及用棉花、滤纸过滤，对其活性和稳定性均有影响，故制作时动作宜轻缓，防止活力降低过多。

(5) 薄荷水的制备

① 薄荷水为薄荷脑的饱和水溶液（约0.05%体积比），处方用量为溶解量的4倍，配制时不能完全溶解，故需加分散剂与增溶剂。

② 滑石粉为分散剂，应与薄荷脑充分研匀，以利发挥其作用，加速溶解过程。

③ 吐温-80为增溶剂，应先与薄荷脑充分搅匀，再加水溶解，以利发挥增溶作用，加速溶解过程。

(6) 复方碘溶液的制备

① 碘有腐蚀性，慎勿接触皮肤与黏膜。

② 为使碘能迅速溶解，宜先将碘化钾加适量蒸馏水配制成浓溶液，然后加入碘溶解。

9.2.6 实验结果与讨论

① 复方硼酸钠溶液　描述成品外观性状，简述其有效成分。

② 复方苯甲酸搽剂　描述成品外观性状。

③ 甲酚皂溶液　描述成品外观性状，评价氢氧化钠的增溶效果。

④ 酚甘油　描述成品外观性状。

⑤ 硫酸亚铁糖浆　描述成品外观性状，讨论冷溶法存在的不足。

⑥ 胃蛋白酶合剂　描述（Ⅰ）与（Ⅱ）法制的成品外观性状，记录活性试验中分别的凝乳时间并讨论。

⑦ 薄荷水　实验比较三种处方不同方法制备薄荷水的异同记录于表9-1中，并说明各自特点与其适用性。

表 9-1 不同方法制备的薄荷水的性状

处　　方	pH	澄 清 度	嗅　味
Ⅰ 滑石粉			
碳酸镁(轻质)与活性炭			
Ⅱ 吐温-80			
Ⅲ 吐温-80 与 90%乙醇			

⑧ 复方碘溶液　描述成品外观性状，观察碘化钾溶解的水量与加入碘的溶解速度。

思 考 题

1. 复方硼酸钠溶液为消毒防腐剂，为什么漱口时宜加 5 倍量温水稀释？慎勿咽下。

2. 描述复方硼酸钠溶液成品外观性状，指明主药的名称。

3. 试写出制备甲酚皂溶液的皂化反应式，可选择哪些植物油，对成品的杀菌效力有无影响？

4. 制备硫酸亚铁糖浆的方法有哪些？

5. 影响胃蛋白酶活性的因素及预防措施。

6. 制备薄荷水时加入滑石粉、轻质碳酸镁、活性炭的作用是什么？还可选用哪些具有类似作用的物质？欲制得澄明液体的操作关键是什么？

7. 薄荷水中加入吐温-80（聚山梨醇-80）的增溶效果与其用量（临界胶团浓度）有关，临界胶团浓度可用哪些方法测定？

8. 复方碘溶液中碘有刺激性，口服时宜作何处理？

9.3 乳浊型液体制剂的制备

9.3.1 学习目标

- 掌握乳剂的一般制备方法及常用乳剂类型的鉴别方法；
- 了解用乳化法测定鱼肝油被乳化所需的亲水亲油平衡值（HLB）值。

9.3.2 实验原理

乳剂（或称乳浊液）是由不溶性液体药物以小液滴分散在分散介质中形成的不均匀分散体系。乳剂有 O/W（水包油）型、W/O（油包水）型及 W/O/W（水/油/水）型或 O/W/O（油/水/油）型复乳。乳剂按乳滴大小又可分为普通乳、亚微乳、微乳等。

乳剂是由两种互不相溶的液体（通常为水和油）组成的非均相分散体系。制备时常需在乳化剂帮助下，通过外力做功，使其中一种液体以小液滴的形式分散在另一种液体之中，形成水包油（O/W）型或油包水（W/O）型等类型乳剂。乳剂的分散相液滴直径一般在0.1～100μm 范围，由于表面积大，表面自由能大，因而具有热力学不稳定性，为此常需加入乳化剂才能使其稳定。

乳化剂通常为表面活性剂，其分子中的亲水基团和亲油基团所起作用的相对强弱可以用 HLB 值来表示。HLB 值高者，亲水基团的作用较强，即亲水性较强，反之则亲油性较强。另外各种油被乳化生成某种类型乳剂所要求的 HLB 值并不相同，只有当乳化剂的

HLB值适应被乳化油的要求，生成的乳剂才稳定。然而单一乳化剂的HLB值不一定恰好与被乳化油的要求相适应，所以常常将两种不同HLB值的乳化剂混合使用，以获得最适宜HLB值。混合乳化剂的HLB值为各个乳化剂HLB值的加权平均值，其计算公式为

$$HLB_{AB}=\frac{HLB_A \cdot m_A + HLB_B \cdot m_B}{m_A + m_B}$$

式中，HLB_{AB}为混合乳化剂的HLB值；HLB_A和HLB_B分别为乳化剂A和B的HLB值；m_A和m_B分别为乳化剂的量。

本实验采用乳化法测定鱼肝油被乳化所需的HLB值。该法是将两种已知HLB值的乳化剂，按上述计算公式以不同重量比例配合，制成具有一系列HLB值的混合乳化剂，然后分别与油相制成一系列乳剂，在室温或加速实验（如离心法等）条件下，观察分散液滴的分散度、均匀度或乳析速度。将稳定性最佳乳剂所用乳化剂的HLB值定为油相所需HLB值。在药剂制备中，常用乳化剂的HLB值一般在3～6范围，其中HLB值3～8的为W/O型乳化剂，8～16的为O/W型乳化剂。

小量制备乳剂多在研钵中进行或于瓶中振摇制得，大量制备乳剂可用搅拌器、乳匀机、胶体磨或超声波乳化器等器械。乳剂制备时如以阿拉伯胶作乳化剂，常采用干胶法或湿胶法，本实验采用干胶法制备。

乳剂类型的鉴别，一般用稀释法或染色镜检法进行。

9.3.3 实验仪器

精密电子天平，量杯，研钵，烧杯，吸管，试管，载玻片，显微镜，具塞刻度试管。

9.3.4 实验步骤

9.3.4.1 鱼肝油乳剂

（1）处方

鱼肝油	12.5mL	尼泊金乙酯	0.05g
阿拉伯胶	3.1g	蒸馏水	加至50mL
西黄蓍胶	0.17g		

（2）制法

① 对羟基苯甲酸乙酯（尼泊金乙酯）醇溶液的配制　将尼泊金乙酯0.05g溶于1mL乙醇中即得。

② 将两种胶粉置干燥研钵中，研细，加入全量鱼肝油稍加研磨使均匀。按油∶水∶胶为4∶2∶1的比例，一次加入蒸馏水6.3mL，迅速研磨，直至产生特别的“劈裂”乳化声，即成稠厚的初乳。然后用少量蒸馏水将初乳分次转移至量杯中，搅拌下滴加尼泊金乙酯醇溶液，最后加蒸馏水至全量，搅匀即得。

9.3.4.2 乳剂类型的鉴别

（1）稀释法　取试管2支，分别加入鱼肝油乳剂（或营养乳剂）及石灰搽剂各约1mL，再分别加入蒸馏水约5mL，振摇或翻倒数次，观察是否能均匀混合。

（2）染色镜检法　将上述乳剂分别涂在载玻片上，加油溶性苏丹红粉末少许，在显微镜下观察外相是否被染色。另用水溶性亚甲蓝粉末少许，同样在显微镜下观察外相染色情况。

9.3.4.3 乳化鱼肝油所需HLB值的测定

（1）处方

鱼肝油	5mL	蒸馏水	加至10mL
混合乳化剂(吐温-80与司盘-80)	0.5g		

（2）测定法

① 用司盘-80（HLB值为4.3）及吐温-80（HLB值为15.0）配成6种混合乳化剂各5g，它们的HLB值分别为4.3、5.5、7.5、9.5、12.0及14.0。计算各单个乳化剂的用量（g），填入表9-2。

表9-2 混合乳化剂组成

名称	混合乳化剂HLB值					
	4.3	5.5	7.5	9.5	12.0	14.0
司盘-80/g						
吐温-80/g						

② 取6支具塞刻度试管，各加入鱼肝油5mL，再分别加入上述不同HLB值的混合乳化剂各0.5g，然后加蒸馏水至10mL，加塞，在手中振摇1min，即成乳剂。经放置5min、10min、30min和60min后，分别观察并记录各乳剂分层后上层的体积（mL）。

9.3.5 注意事项

① 在制备乳剂时初乳的形成是关键，研磨时宜朝同一方向，稍加用力，用力均匀。

② 在进行HLB值的测定时6支具塞刻度试管在手中振摇时，振摇的强度应尽量一致。

9.3.6 实验结果与讨论

① 乳剂类型的鉴别。

② 乳化鱼肝油所需HLB值的测定　6支具塞刻度试管经振摇后放置不同时间，观察并记录各乳剂的上层体积（mL），填于表9-3。

表9-3 制备乳剂经放置后上层体积　　单位：mL

放置时间/min	混合乳化剂HLB值					
	4.3	5.5	7.5	9.5	12.0	14.0
5						
10						
30						
60						

根据表9-3结果，得到结论为：乳化鱼肝油所需HLB值为____，所制得乳剂的类型为____。

思　考　题

测定油的乳化所需HLB值有何实际意义？

9.4 混悬型液体制剂的制备

9.4.1 学习目标

- 掌握混悬型液体制剂（混悬剂）的一般生产工艺；
- 掌握混悬剂的质量检查方法。

9.4.2 实验原理

混悬剂是由不溶性固体药物以微粒分散在分散介质中形成的不均匀分散体系。混悬剂的制备方法有分散法和凝聚法。

分散法：将固体药物粉碎成所需粒度的微粒，再分散于分散介质中。对于亲水性药物，通常将药物粉碎至一定细度，再加入适量处方中的液体进行研磨，符合要求后加入余量的液体。对疏水性药物，需加入一定量的润湿剂与药物研匀后，再加液体研磨至所需要求，最后加入余量的液体。

凝聚法：又分为物理凝聚法和化学凝聚法。物理凝聚法是将离子或分子状态的药物溶液加入另一分散介质中凝聚成混悬液的方法。化学凝聚法是将两种或两种以上的药物溶液混合，发生化学反应生成难溶性药物微粒的方法，为得到均匀的微粒，通常需剧烈搅拌。

混悬剂质量检查包括沉降体积比的测定、重新分散实验、微粒大小测定、絮凝度测定等。沉降体积比指沉降物的容积与沉降前混悬剂的容积之比，可用于评价混悬剂的沉降稳定性，及判断混悬剂处方的优劣。重新分散实验能保证患者服用时的均匀性和分剂量的准确性，优良的混悬剂储存后再振摇，沉降物应能很快分散。絮凝度用下式表示

$$\beta=\frac{F}{F_{\infty}}=\frac{V/V_0}{V_{\infty}/V_0}=\frac{V}{V_{\infty}} \tag{9-1}$$

式中，F 为絮凝混悬剂的沉降容积比；F_{∞} 为去絮凝混悬剂的沉积容积比；V_0 为混悬剂总容积；V 为静置后沉降面不变时沉降物的容积；V_{∞} 为去絮凝混悬剂静置后沉降面不变时沉降物的容积。絮凝度 β 表示由絮凝剂引起的沉降物容积增加的倍数，β 值越大，絮凝效果越好。用絮凝度可评价絮凝剂的效果和预测混悬剂的稳定性。

9.4.3 实验仪器

电子天平，量杯，研钵，烧杯，药筛，吸管。

9.4.4 实验步骤

9.4.4.1 磺胺嘧啶合剂的制备

(1) 处方一

磺胺嘧啶	5.0g	尼泊金乙酯溶液(5%)	1.0mL
单糖浆	20.0mL	蒸馏水	加至100mL
羧甲基纤维素钠	1.5g		

(2) 处方二

磺胺嘧啶	5.0g	单糖浆	20.0mL
氢氧化钠	0.8g	尼泊金乙酯醇溶液(2.5%)	1.0mL
枸橼酸钠	3.25g	蒸馏水	加至100mL
枸橼酸	1.4g		

(3) 操作

① 单糖浆的制备：取纯化水25mL煮沸，加蔗糖42.5g搅拌溶解，继续加热至100℃，用脱脂棉滤过，加少量热纯化水洗涤滤器，冷却至室温，补加适量纯化水使其为50mL，搅拌均匀，即得。

② 处方一按亲水性药物配制混悬液的方法配制。

③ 处方二按化学凝聚法配制：将磺胺嘧啶加入20mL纯化水中，搅拌下缓慢加入氢氧化钠水溶液，使其转化为磺胺嘧啶钠而溶于水溶液中；另将枸橼酸钠和枸橼酸溶于纯化水

中，搅拌下缓缓加入磺胺嘧啶钠溶液中，不断搅拌至析出磺胺嘧啶结晶，加入单糖浆和尼泊金乙酯醇溶液，剧烈搅拌下加纯化水至100mL，即得。

（4）质量检查与评定

① 沉降体积比的测定：将100mL磺胺嘧啶合剂置于量筒中摇匀，其初始高度为 H_0，放置一段时间至沉降面不再下降，读取沉降物的高度 H，沉降容积比 $F=(H/H_0)\times 100\%$。F 越大，混悬液越稳定。

② 重新分散实验：将100mL磺胺嘧啶合剂置于量筒中，放置沉降，以20r/min的速度转动，经一定时间，量筒底部的沉降物应重新分散均匀。

③ 絮凝度测定：测定磺胺嘧啶合剂的 F 和 F_∞，絮凝度 $\beta=F/F_\infty$。

9.4.4.2 复方硫黄洗剂

洗剂是指专供涂抹、敷于皮肤的外用液体制剂。洗剂一般轻涂于皮肤或用纱布蘸取敷于皮肤上应用。洗剂的分散介质为水和乙醇。

本品有杀菌、收敛作用，可治疗疥疮等症。

（1）处方

沉降硫黄	3.0g	甘油	5.0g
硫酸锌	3.0g	羧甲基纤维素钠	0.5g
樟脑	1.0g	蒸馏水	加至100mL

（2）操作

① 取樟脑并溶于10mL 95%乙醇液中，备用。

② 称取羧甲基纤维素钠，溶于50mL蒸馏水中，备用。

③ 称取硫酸锌，加入约30mL蒸馏水中，搅拌溶解后备用。

④ 将沉降硫黄过100～120目筛，称取细粉并与甘油研磨，使其充分润湿，备用。

⑤ 把②项溶液不断地搅拌，加入①项和③项溶液，再将④项硫黄甘油加入，最后添加蒸馏水至全量，搅匀即得。

（3）质量检查

① 沉降体积比的测定：将100mL复方硫黄洗剂置于量筒中摇匀，其初始高度为 H_0，放置一段时间至沉降面不再下降，读取沉降物的高度 H，沉降容积比 $F=(H/H_0)\times 100\%$。

② 重新分散实验：将100mL复方硫黄洗剂置于量筒中，放置沉降，以20r/min的速度转动，经一定时间，量筒底部的沉降物应重新分散均匀。

③ 絮凝度测定：测定复方硫黄洗剂的 F 和 F_∞，絮凝度 $\beta=F/F_\infty$。

9.4.5 注意事项

① 用化学凝聚法制备磺胺嘧啶合剂时，枸橼酸钠和枸橼酸溶液应缓缓加入磺胺嘧啶钠溶液中，并剧烈搅拌，防止析出粗大的磺胺嘧啶结晶。

② 复方硫黄洗剂制备中，在上述［9.4.4.2（2）操作］②项溶液（羧甲基纤维素钠水溶液）中加入①项溶液（樟脑乙醇溶液）和③项溶液（硫酸锌水溶液）时，应剧烈搅拌，防止析出粗大结晶。

9.4.6 实验结果与讨论

（1）磺胺嘧啶合剂质量检查结果

①沉降体积比的测定结果；②重新分散实验结果；③絮凝度测定结果。

（2）复方硫黄洗剂质量检查结果

①沉降体积比的测定结果；②重新分散实验结果；③絮凝度测定结果。

思 考 题

1. 对两种配制磺胺嘧啶合剂的方法进行比较。
2. 试分析复方硫黄洗剂中各组分的作用。

9.5 微生物 *D* 值和 *Z* 值测定

9.5.1 学习目标

- 了解湿热灭菌工艺关键操作参数；
- 运用一级动力学关系测定特定微生物的 *D* 值和 *Z* 值。

9.5.2 实验原理

湿热灭菌法是利用高压饱和蒸汽、过热水喷淋等手段使微生物菌体中的蛋白质、核酸发生变性而杀灭微生物的方法。保证产品无菌是注射剂产品质量保证的核心问题。在业界，常用“无菌保证水平”（sterility assurance level，SAL）概念来评价灭菌（无菌）工艺的效果，SAL 的定义为产品经灭菌/除菌后微生物残存的概率。为了保证注射剂的无菌安全性，国际上一致规定，采用湿热灭菌法的 SAL 不得大于 10^{-6}，即灭菌后微生物存活的概率不得大于百万分之一。

D 值指湿热灭菌过程中将微生物杀灭 90%（下降 1 个对数单位）所需的时间，一般用 min 来表示，是表征微生物耐受性（抗性）的重要指标。*Z* 值为湿热灭菌过程中的温度系数，即某一种微生物的 *D* 值减少到原来的 1/10 时（即下降一个对数单位时），所需升高的温度值（℃）。获得了某种微生物的 *D* 值和 *Z* 值，就能比较精确地设计湿热灭菌工艺的操作参数。

本实验采用毛细管油浴法测定特定微生物的 *D* 值和 *Z* 值。

9.5.3 试剂与仪器

试剂：菌种［生孢梭菌 CMCC（B）64941］，培养基［需氧菌用胰蛋白酶消化的大豆琼脂（TsA）培养基］等。

仪器：精密恒温油浴，恒温培养箱，显微镜，二级生物安全柜，毛细管（一段封口玻璃毛细管，硬质中性玻璃，内径 0.9～1.1mm，壁厚 0.10～0.15mm，管长 100mm），微量进样器（100μL）等。

9.5.4 实验步骤

（1）芽孢悬液制备　将生孢梭菌［CMCC（B）64941］的甘油冷冻管菌种接种至硫乙醇酸盐流体培养基中，33℃培养 24h，取培养液再次接种至硫乙醇酸盐流体培养基中，33℃培养 24h，取培养液接种至产芽孢培养基中，33℃培养 7d，23℃培养 14d，将培养液取出，置离心管内，1000r/min 离心 5min，取上清液，4000r/min 离心 20min，取底部芽孢沉淀，加入纯化水混匀，4000r/min 离心 20min，取底部芽孢沉淀，再次加入纯化水混匀，4000r/min 离心 20min，取底部芽孢沉淀，加入纯化水混匀，将芽孢悬液置 95℃水浴中

15min 杀灭营养体，将获得的芽孢悬液置冰箱（2～8℃）保存。用哥伦比亚血琼脂平板进行计数，35℃厌氧培养时间 48h。

（2）油浴灭菌　将制备好的芽孢悬液用微量进样器（100μL）加入一段封口的毛细管内，50μL/支将另一端用火焰熔封，置 2～8℃暂存备用。将制备完成的上述含芽孢悬液的毛细管置恒温油浴中，分别处理一定时间，取出后迅速置冰水浴内冷却 5min 后取出。

执行的灭菌程序包括 95℃（0min、10min、20min、30min、40min），100℃（0min、3min、6min、9min、12min）以及 105℃（0min、0.5min、1min、1.5min、2min），每个灭菌处理（即温度和时间的灭菌组合，如 95℃，10min 的灭菌处理）平行做 4 支。

（3）微生物计数　将毛细管置于 75%乙醇浸泡 1～2min，取出后用灭菌纯化水冲洗外表面 2 次。

将清洗完毕的毛细管置装有玻璃珠的灭菌试管内，涡旋打碎，用灭菌纯化水系列稀释，用哥伦比亚血琼脂平板进行计数，35℃厌氧培养时间 48h。

（4）数据处理方法　按照残存曲线法，采用一级动力学关系，以热处理时间为横坐标，以芽孢计数的对数值（4 次平行芽孢计数结果，先取对数值，再进行平均）为纵坐标，拟合直线，并计算 D 值与 Z 值。

思　考　题

1. D 值在湿热灭菌工艺设计中如何应用？
2. 如何用 Z 值比较不同温度下的灭菌时间？

（四川大学　李永红，承强编写）

10 半固体制剂

10.1 软膏剂的制备

10.1.1 学习目标

- 掌握不同类型基质的软膏剂的制备方法；
- 掌握软膏中药物释放的测定方法，比较不同基质对药物释放的影响；
- 了解应用插度计测定软膏稠度的方法。

10.1.2 实验原理

软膏（剂）是指药物与适宜基质均匀混合制成的有适当稠度的半固体外用制剂，主要用于局部疾病的治疗，可发挥抗感染、消毒、止痒、止痛、麻醉等作用。基质为软膏剂的赋形剂，对软膏剂形成和药效的发挥有重要意义，基质本身又有保护与润滑皮肤的作用。软膏基质主要分三类：油脂型、乳剂型和水溶性基质。用乳剂型基质制备的软膏剂称乳膏剂，乳剂型基质有水包油（O/W）型和油包水（W/O）型两种。软膏剂常用的附加剂有抗氧剂、防腐剂等。

软膏剂可根据药物与基质的性质用研合法、熔和法和乳化法制备。固体药物可用基质中的适当组分溶解，或先粉碎成细粉（按《中华人民共和国药典》2015 年版凡例标准）与少量基质或液体组分研成糊状，再与其他基质研匀。所制得的软膏剂应均匀、细腻，具有适当的黏稠性，易涂于皮肤且对黏膜无刺激性。软膏剂在存放过程中应无酸败、异臭、变色、变硬、油水分离等变质现象。

软膏剂的质量检查项目包括主药含量测定、性状、刺激性、稳定性、药物释放性能的测定等。

软膏剂的稠度影响使用时的涂展性及药物扩散到皮肤的速度，它主要受流变性的影响。常用插度计测定，即通过在一定温度下金属锥体自由落下插入试品的深度来衡量。

软膏剂中药物的释放性能影响药物疗效的发挥，它可通过测定软膏中药物穿过无屏障性能的半透膜到达接受介质的速度来评定。软膏剂中药物的释放一般遵循 Higuch 公式，即药物的累积释放量 M 与时间 t 的平方根成正比，即

$$M=kt^{1/2} \tag{10-1}$$

药物的理化性质与基质组成会影响 k 值大小。

凝胶扩散法和微生物法亦可用来比较不同基质中药物的释放性能。前者是将软膏与含指示剂的琼脂凝胶或明胶凝胶接触，软膏中的药物释放后扩散进入凝胶与指示剂产生变色反应，测量一定时间色层的高度比较基质的释药性能；后者用于抑菌药物软膏，将细菌接种于琼脂平板培养基上，在平板上打若干个大小相同的孔，填入软膏，经培养后测定孔周围抑菌

环的大小。

10.1.3 实验仪器

高速乳化机，实验室胶体磨，插度计，离心机，QNX-1旋转黏度计，精密电子天平，振动筛粉机，恒温水浴。

10.1.4 实验步骤

10.1.4.1 O/W型水杨酸乳膏的制备

(1) 处方

水杨酸	1.0g	羊毛脂	1.0g
白凡士林	0.5g	三乙醇胺	0.1g
液体石蜡	1.2g	对羟基苯甲酸乙酯	0.02g
硬脂酸	2.5g	蒸馏水	12.68g
单硬脂酸甘油酯	1.0g		

(2) 操作 取白凡士林、液体石蜡、硬脂酸、单硬脂酸甘油酯、羊毛脂置于烧杯中，水浴加热熔化，70～80℃保温，此为油相。将三乙醇胺、对羟基苯甲酸乙酯、蒸馏水置另一烧杯中加热使溶，70～80℃保温，此为水相。在搅拌下将水相以细流加到油相中，搅拌冷至室温，即凝固成O/W乳剂型基质。

取水杨酸置于研钵中研细，过80目筛，分次加入制得的O/W乳剂型基质中，研匀即得。

10.1.4.2 W/O型水杨酸乳膏的制备

(1) 处方

水杨酸	1.0g	液状石蜡	6.5g
甘油	2.0g	聚氧乙烯(40)硬脂酸酯	0.1g
单硬脂酸甘油酯	2.5g	对羟基苯甲酸乙酯	0.02g
十八醇	1.5g	纯化水	5.38g
白凡士林	1.0g		

(2) 操作 油相：取单硬脂酸甘油酯、十八醇、白凡士林、液状石蜡置于100mL小烧杯中，加热熔化，并保温至75～80℃。

水相：将甘油、纯化水和对羟基苯甲酸乙酯置于100mL小烧杯中，水浴上加热使之溶解，并保温至75～80℃。

乳化：将水相在搅拌下呈细流加入油相中，并搅拌至冷凝，即得。

10.1.4.3 水溶性基质的水杨酸软膏制备

(1) 处方

水杨酸	1.0g	聚乙二醇400	11.40g
聚乙二醇3350	7.6g		

(2) 操作 取两种聚乙二醇，水浴加热至65℃，即得水溶性基质。

取水杨酸置于研钵中研细，过80目筛，分次加入制得的水溶性基质中，研匀即得。

10.1.4.4 软膏剂中药物释放速度的比较

(1) 水杨酸标准曲线的绘制 精密称取水杨酸约100mg置500mL容量瓶中，用纯化水溶解并定容，摇匀。精密量取该溶液1mL、2mL、3mL、4mL、5mL置10mL容量瓶中，以纯化水定容并摇匀。分别吸取上述溶液各5mL，加硫酸铁铵显色剂1mL，以5mL纯化水加硫酸铁铵显色剂 1mL 为空白，在 530nm 波长处测定吸光度，将吸光度对水杨酸浓度回归得标准回归方程。

注意：硫酸铁铵显色剂的配制为称取 8g 硫酸铁铵溶于 100mL 纯化水中，取 2mL 加 1mol/L HCl 溶液 1mL，加纯化水至 100mL。本品应现配现用。

（2）各种软膏中水杨酸释放速度的测定　取制备得到的 3 种水杨酸软膏填装于 3 支内径约 2cm 的玻璃管内，装填量约高 1.5cm，管口用浸泡过蒸馏水的玻璃纸包扎，使管口的玻璃纸无皱折且与软膏紧贴无气泡。取盛有 100mL 蒸馏水的烧杯，加入磁力搅拌棒，置于 32℃恒温水浴中，插入装有软膏的玻璃管，玻璃纸端向下，软膏的上表面与水面平，开启磁力搅拌器，定时取出 5mL 释放溶液，同时补加同量蒸馏水，测定释放溶液中水杨酸浓度。

10.1.4.5　软膏稠度的测定

将凡士林熔化倒入适宜大小的容器中，静置使样品凝固且表面光滑，保持样品内温度为均匀的 25℃，放到已调节水平的插度计的底座上，降下标准锥，使锥尖恰好接触到样品的表面，指针调到零点，按钮放下带有标准锥的联杆，用停表计时，控制 5s，然后固定联杆，由刻度盘读取插入度。依法测定 5 次，如果误差不超过 3%，用其平均值作为稠度，反之则取 10 次实验的平均值。

10.1.5　注意事项

① 制备水杨酸乳膏剂，乳化时宜向同一方向快速搅拌至冷，使乳化完全。

② 水杨酸遇金属会变色，配制过程中应尽可能避免接触金属器皿。

③ 测定软膏稠度时，为使标准锥尖恰好接触到样品表面，可借助反光镜以求精确地安放。不要将锥尖放到容器的边缘或已经做过实验的部位，以免测得的数据不准确。

10.1.6　实验结果与讨论

① 试分析 3 种软膏中各辅料的作用。

② 将制备得到的 3 种水杨酸软膏涂布在自己的皮肤上，评价是否均匀细腻，记录皮肤的感觉，比较 3 种软膏的黏稠性与涂布性。

③ 将 3 种软膏基质不同时间释放溶液中水杨酸的浓度填于表 10-1。根据释放溶液的体积及每次取出样品的量，计算各个时间累积释放量，并填入表 10-2。分别以时间 t 和$\sqrt{t}$ 对累积释放量 M 作图，得释放曲线，由 M-$\sqrt{t}$ 曲线计算 k 值。讨论 3 种软膏基质中药物释放速度的差异。

表 10-1　各种软膏基质不同时间释放溶液中水杨酸的浓度　　单位：mg/mL

时间/min	O/W 型乳剂型基质	W/O 型乳剂型基质	水溶性基质
5			
10			
20			
30			
45			
60			
90			
120			
150			
180			

表 10-2 各种基质水杨酸软膏的累积释放量 单位：mg

时间 t/min	$\sqrt{t}$	O/W 型乳剂型基质	W/O 型乳剂型基质	水溶性基质
5				
10				
20				
30				
45				
60				
90				
120				
150				
180				

④ 记录凡士林样品的插入度测定值，计算平均值。

思 考 题

1. 大量制备时如何对凡士林等基质进行预处理？
2. 软膏剂制备过程中药物的加入方法有哪些？
3. 制备乳剂型软膏基质时应注意什么？为什么要加温至70～80℃？
4. 用于治疗大面积烧伤的软膏剂在制备时应注意什么？
5. 影响药物从软膏基质中释放的因素有哪些？

10.2 栓剂的制备

10.2.1 学习目标

• 掌握置换价的测定方法和应用；
• 掌握熔融法制备栓剂的工艺；
• 学会测定栓剂融变时限的方法。

10.2.2 实验原理

栓剂是指将药物和适宜的基质制成的具有一定形状供腔道给药的固体状外用制剂。它在常温下是固体，塞入人体腔道后在体温下迅速软化，熔融或溶解于分泌液，逐渐释放药物产生局部或全身作用。根据施用腔道和使用目的不同，可制成各种适宜形状。

栓剂中的药物可溶解也可混悬于基质中。制备混悬型栓剂，固体药物粒度应能全部通过六号筛。栓剂的基质有油脂性基质和水溶性基质两种，油脂性基质主要有可可豆脂、脂肪酸甘油酯；水溶性基质主要有甘油明胶、聚乙二醇、聚氧乙烯（40）单硬脂酸酯类、泊洛沙姆（poloxamer）等。栓剂中根据不同目的常需加入增稠剂、乳化剂、吸收促进剂、抗氧剂、防腐剂等。

栓剂的制备方法有冷压法和热熔法，工业中以热溶法常用。热熔法的制备工艺为

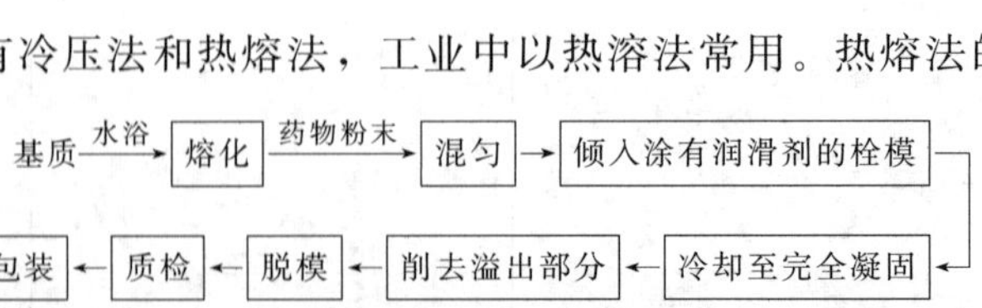

基质 —水浴→ 熔化 —药物粉末→ 混匀 → 倾入涂有润滑剂的栓模 → 冷却至完全凝固 → 削去溢出部分 → 脱模 → 质检 → 包装

为使栓剂冷后易从栓模中脱出，栓模孔中应涂润滑油。水溶性基质涂油脂性润滑油，

如液体石蜡；油溶性基质涂水性润滑油，如软肥皂一份、甘油一份、95%乙醇五份混合液。

栓剂制备中基质用量的确定：栓模的容量通常是固定的，因基质或药物的密度不同可容纳不同的重量。为了确定基质用量以保证栓剂剂量的准确，需测定药物的置换价（DV）。置换价为药物的重量与同体积基质重量的比值。可用式（10-2）计算置换价

$$DV=\frac{W}{G-(M-W)} \tag{10-2}$$

式中，G 为纯基质平均栓重；M 为含药栓的平均栓重；W 为每粒栓剂的平均含药重量。

根据置换价，按式（10-3）计算含药栓所需基质重量 x

$$x=\left(G-\frac{y}{DV}\right)n \tag{10-3}$$

式中，y 为处方中药物的剂量；n 为拟制备栓剂的粒数。

栓剂的质量评价包括如下内容：主药含量、外形、重量差异、融变时限、体外释放试验等。

10.2.3 实验仪器

电子天平，振动筛粉机，恒温水浴，研钵，烧杯，蒸发皿，栓剂模具，栓剂融变仪。

10.2.4 实验步骤

10.2.4.1 对乙酰氨基酚栓剂的制备

每粒对乙酰氨基酚栓剂含对乙酰氨基酚 0.3g，基质采用聚氧乙烯（40）硬脂酸酯（以下简称 S-40）。

（1）置换价的测定　纯基质栓的制备：称取 S-40 适量，于水浴上加热熔化后，倾入涂有液体石蜡的栓剂模具中，冷却凝固后削去溢出部分，脱模，得完整的纯基质栓数粒，称重，求得每粒基质栓的平均重量 G。

含药栓的制备：对乙酰氨基酚过 100 目筛，称取 3g 至研钵中。称取 S-40 9g 置蒸发皿中，于水浴上加热，待 2/3 基质熔化时停止加热，搅拌使全熔，分次加入研钵中与对乙酰氨基酚粉末研匀，倾入涂有液体石蜡的栓剂模具中，待冷却固化后，削去溢出部分，脱模，得完整的含药栓数粒，称重，求得每粒含药栓平均栓重 M，平均含药量 $W=Mx\%$，$x\%$为对乙酰氨基酚的质量分数。

置换价的计算：将上述得到的 G、M、W 代入式（10-2），求得对乙酰氨基酚的 S-40 置换价 DV。

（2）基质用量的计算　将求得的置换价 DV 代入式（10-3），求得对乙酰氨基酚栓基质 S-40 的用量（以制备 10 粒对乙酰氨基酚栓计，每粒对乙酰氨基酚栓中对乙酰氨基酚的剂量为 0.3g）。

（3）栓剂的制备　称取过 100 目筛的对乙酰氨基酚粉末 6g 置研钵中；另称取计算量的 S-40 置蒸发皿上，于水浴上加热，待 2/3 基质熔化时停止加热，搅拌使全熔，分次加入研钵中与对乙酰氨基酚粉末研匀，倾入涂有液体石蜡的栓剂模具中，待冷却固化后，削去溢出部分，脱模，得对乙酰氨基酚栓剂数粒。

10.2.4.2 甲硝唑栓剂的制备

每粒甲硝唑栓含甲硝唑 0.5g，基质采用甘油明胶。

（1）甘油明胶溶液的制备　称取明胶 9g 置 100mL 烧杯中，加入约 15g 纯化水浸泡 0.5～1h 使其溶胀变软，然后加入 32g 甘油，水浴加热使明胶溶解，继续加热并轻轻搅拌，使水蒸发，控制甘油明胶溶液的重量为 44～46g。

（2）栓剂的制备　将甲硝唑过 100 目筛，称取 5g，加入上述甘油明胶溶液中，搅拌均匀，趁热灌入已涂有润滑剂的栓模内，充分冷却使凝固，削去模口溢出部分，脱模，即得。

10.2.4.3　栓剂的质量检查与评定

（1）外观与药物分散状况　观察栓剂的外观是否完整，表面亮度是否一致，有无斑点和气泡，将栓剂纵向剖开，观察药物分散是否均匀。

（2）重量差异检查　取栓剂 10 粒，精密称定总重量，求得平均粒重后，再分别精密称定各粒的重量，每粒重量与平均重量相比，超出重量差异限度的栓剂不得多于 1 粒，并不得超出重量差异限度一倍。栓剂重量差异限度参见表 10-3。

表 10-3　栓剂重量差异限度

平均重量	重量差异限度
1.0g 以下至 1.0g	±10%
1.0g 以上至 3.0g	±7.5%
3.0g 以上	±5%

（3）融变时限检查法　用于栓剂等固体制剂在规定条件下的融化、软化或溶散情况。检查栓剂融变时限的仪器由透明的套筒与金属架组成，透明套筒为玻璃或适宜的塑料材料制成。金属架由两片不锈钢的金属圆板及三个金属挂钩焊接而成。

检查法：取供试品 3 粒，室温放置 1h 后，分别放在 3 个金属架的下层圆板上，装入各自套筒内，并用挂钩固定；除另有规定外，将上述装置分别垂直浸入盛有不少于 4L 的 37.0℃±0.5℃水的容器中，其上端位置应在水面下 90mm 处，容器中装一转动器，每隔 10min 在溶液中翻转该装置一次。

结果判断：除另有规定外，脂肪性基质的栓剂 3 粒均应在 30min 内全部融化、软化或触压时无硬心；水溶性基质的栓剂 3 粒均应在 60min 内全部溶解；如 1 粒不合格，应另取 3 粒复试，均应符合规定。

10.2.5　注意事项

① 为保证药物与基质充分混匀，应采用等量递加法。

② 灌模时应注意药物与基质混合物温度。温度太高稠度小，栓剂易发生中空和顶端凹陷现象，应在温度较低，混合物稠度较大时灌模，灌时应一次完成，灌至稍微溢出模口即可。灌好后应有足够的冷却时间和温度，若温度较高且冷却时间不够，会发生粘模。

10.2.6　实验结果与讨论

（1）栓剂的置换价　计算置换价并填入表 10-4。

表 10-4　栓剂的置换价

栓剂名称	基质栓平均重量 G	含药栓平均重量 M	含药栓含药量 W	置换价
对乙酰氨基酚栓				
甲硝唑栓				

（2）栓剂质量检查结果　将栓剂质量检查结果列于表10-5。

表 10-5　栓剂质量检查结果

栓剂名称	外观	重量/g	重量差异检查限度结果	融变时限/min
对乙酰氨基酚栓				
甲硝唑栓				

思考题

1. 明胶基质和S-40基质分别有何特点？
2. 制备栓剂时应注意哪些问题？
3. 发挥全身作用的栓剂与局部作用的栓剂在处方设计时有何考虑？

（四川大学　马丽芳，郎淑霞编写）

11 制药分析创新实验

11.1 高效液相色谱法测定芦丁含量

11.1.1 学习目标

• 学习高效液相色谱仪的基本操作；

• 掌握用标准曲线法进行含量测定的基本原理。

11.1.2 实验原理

高效液相色谱法（HPLC）是色谱法的一个重要分支，以液体为流动相，采用高压输液系统，将具有不同极性的单一溶剂或不同比例的混合溶剂、缓冲液等流动相泵入装有固定相的色谱柱，在柱内各成分被分离后，进入检测器进行检测，从而实现对试样的分析。

色谱定量分析是根据组分检测响应信号的大小，定量确定试样中各个组分的相对含量。其依据是：每个组分的量（质量或体积）与色谱检测器产生的检测响应值（峰高或峰面积）成正比。本实验采用高效液相色谱法实现对槐米提取精制物中主要活性成分芦丁的含量测定，采用紫外检测器，基于外标法完成相关的定量分析。

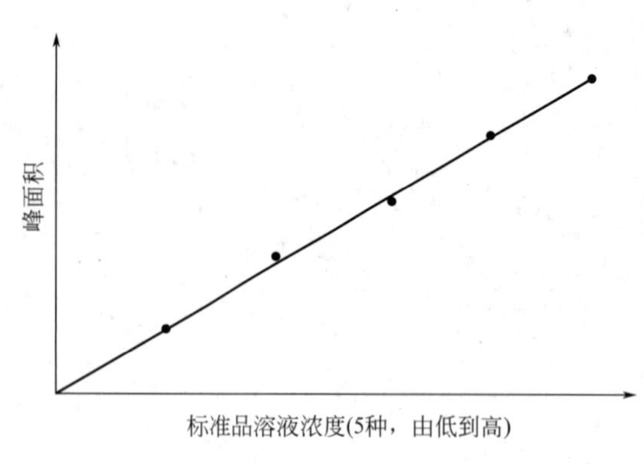

图 11-1　标准曲线法示意图

外标法，又称标准曲线法，即配制一系列具有已知浓度且具有浓度梯度的标准样品，在相同进样体积下进行色谱分析，测量该成分的峰面积（或峰高），然后作峰面积（或峰高）和浓度的标准曲线，最后在与标准样品分析相同的操作条件下，进入相同体积的槐米提取精制样品，测得被分析组分的峰面积（或峰高），根据标准曲线即可推算相应的浓度，由该浓度、进样体积和样品质量计算芦丁的含量（图11-1）。在天然药物活性成分日常控制分析中大多数采用这种方法，分析结果的准确性主要取决于进样量的重复性和操作条件的稳定性。

11.1.3 试剂与仪器

试剂：色谱级甲醇，冰醋酸，双蒸水，芦丁标准品。

流动相：甲醇：1％乙酸水溶液＝55：45。

样品：槐米提取精制物。

仪器：高效液相色谱仪，恒温柱温箱，C_{18}反相色谱柱。

11.1.4 实验步骤

(1) 按照比例配制流动相，微孔滤膜过滤后超声脱气30min。

(2) 准确称取选择的一定质量的槐米提取精制物样品和芦丁标准品，分别用相应的流动相配成质量浓度为1mg/mL的溶液，微孔滤膜过滤后待用。

(3) 开启色谱泵，确认系统管路中无气泡后，调节流动相流速为1mL/min，待稳定。若有气泡，则先排除气泡，具体操作参见“高效液相色谱仪操作规程”。

(4) 打开检测器，调节检测波长至所需波长（257nm），待稳定。

(5) 按“高效液相色谱仪操作规程”说明进入色谱工作站，参考样品在相应分析柱上的保留时间设定所需分析时长。

(6) 待基线稳定后，将清洁干燥的进样器用样品溶液润洗2～3次，吸取适量的样液，排气并定容至设定的进样体积10μL，准备进样。

(7) 按一下检测器上的“自动回零”按钮，等“基线”回零后，取下进样阀保护针，由“INJECT”转到“LOAD”位，插入进样针，迅速进样并转回“INJECT”位，进样完毕。

(8) 通过在线工作站监测色谱流出曲线，并读取样品中芦丁的色谱峰面积。

(9) 需重复进样分离时，按(5)～(7)步骤重复操作即可。

(10) 分离操作完毕，关闭色谱系统。

(11) 建立工作曲线，计算芦丁含量。

11.1.5 结果与讨论

① 记录实验条件、过程、样品出峰时间及色谱图。

② 建立工作曲线，确定相关系数（建议大于0.99）。

③ 计算槐米提取精制物中的芦丁含量，评价产物的品质。

④ 按照《中国药典》(2015年版）四部“0512 高效液相色谱法”的规定方法，计算仪器所用测试条件下的理论塔板数。

思 考 题

1. 建立色谱条件时需考虑哪些因素？
2. 可以使用同一浓度的标准品溶液以由小到大的进样体积去建立标准曲线吗？
3. HPLC分析时必须保证理论塔板数达到什么要求？
4. 什么是HPLC仪器的审计追踪功能？

（四川大学 姚舜编写）

11.2 采用子空间夹角判据快速测定酚麻美敏片中对乙酰氨基酚

11.2.1 学习目标

- 理解基于“向量-子空间夹角”判据的多组分体系快速分析原理；
- 学习数据处理的算法程序；
- 应用子空间夹角判据和紫外光谱法快速测定酚麻美敏片中对乙酰氨基酚的方法。

11.2.2 实验原理

目前感冒药中的对乙酰氨基酚多采用通过高效液相色谱、气相色谱进行分析，所需设备成本较高，分析时间长。本实验只需用到成本较低的紫外可见光谱仪，首先获取对乙酰氨基酚的标准数据库 v，并采用高效液相色谱仪-紫外可见光谱仪联用的方法，分离出感冒药中的待测组分对乙酰氨基酚以及背景组分，经处理可得到不含待测组分的本底数据库 N。采集待测样本光谱，运用向量-子空间夹角判据算法计算酚麻美敏片中对乙酰氨基酚的含量。

分析模型数据库只需要一次建立，同类样本分析时只需要调用算法程序即可完成分析和数据输出，可明显提高大批量样本的分析效率。

11.2.3 试剂与仪器

仪器：紫外可见分光光度计（扫描波长为 210～1100nm），分析天平。

试剂：酚麻美敏片，对乙酰氨基酚对照品，甲醇（分析纯），磷酸氢二钾（分析纯），磷酸（分析纯），三乙胺（分析纯），乙腈（色谱纯）。

11.2.4 实验步骤

(1) 取市售酚麻美敏片 2～3 片，研细，精密称取粉末适量，用磷酸缓冲盐溶液配制得到待测样本甲醇溶液（对乙酰氨基酚的浓度在 2～10μg/mL）内，离心 2min。

(2) 取上清液，采集其多波长紫外光谱 a。

(3) 将样本的紫外光谱数据 a 导入计算平台（MATLAB2018 以上），导入已建好的本底数据库 N 和标准数据库 v，调用子空间夹角判据算法程序，即可得出分析样本中对乙酰氨基酚的含量。

向量-子空间夹角判据算法计算程序为

```
function cn=findc(N,v,a); %N——本底矩阵,v——被测组分,a——混合物测量信号
        cn=[];
  for i=1:1000;
   da=a-i * v/1000;          %扣减
   M=[da,N];                 %构造比对空间
   n=subspace(v,M);          %计算夹角
   cn=[cn n];                %构成夹角序列值
    end
```

思　考　题

如何采用向量-子空间夹角判据算法实现酚麻美敏片中多组分的同时分析？

附：模型建立流程

1. 基本原理

待测组分的纯组分光谱作为 v，其他不含 v 的且非线性相关的光谱向量（扩）张成（span）一个本底光谱子空间 N，那么，v 和 N 存在夹角。体系中包含待测组分和其他组分的待测样本 a，可表示为介于待测组分向量 v 和子空间 N 间的向量。样本中待测组分的含量

越低，a 与 v 的夹角越大，反之越小。

将待测样品光谱 a 与本底光谱子空间 N 构成新的子空间 M(M＝a＋N)，即 M＝vUN。从子空间 M 中不断扣除待测组分向量 v 得到新的子空间 M1，此时 v 与 M1 存在夹角，扣除量越多，M1 与 v 的夹角越大，当夹角出现最大值时，扣除量即为待测样品中待测组分的含量，这一性质可作为定量判据。

2. 标准光谱库 v 建立（待测物的标准光谱）

分别精确称取一定量的对乙酰氨基酚对照品，配制一系列浓度为每 1mL 含对乙酰氨基酚 1μg、2μg、3μg、4μg、5μg、6μg、7μg、8μg 的缓冲盐溶液，并采集多波长紫外光谱，经最小二乘回归得到标准光谱库 v。

3. 本底数据库 N 的建立（获取不含对乙酰氨基酚的光谱数据，可调用算法程序）

（1）取市售酚麻美敏片 2～3 片，研细，精密称取粉末适量，配制得到浓度为 400μg/mL 的缓冲盐溶液。（缓冲盐溶液的配制：称取 5.17142g KH_2PO_4 固体，116μL H_3PO_4，用纯水定容到 1L。）

（2）取该溶液在合适的色谱条件下进行高效液相色谱分析，同时采集其光谱-色谱联用数据，命名为“酚麻美敏片”。

（3）将采集的光谱-色谱联用数据由光强数据格式转化成各时刻全波长下的吸光度值，记为 A。

（4）扣除 A 中与对乙酰氨基酚出峰时间相同的数据后记为 A′。

（5）根据二阶差分值序列的折点判断 A′的主成分数，记主成分数为 q_1。

（6）应用奇异值分解 [U，S，V]＝svd(A′) 对 A′($m*n$) 分解降维，分解后得到 m 阶正交矩阵 U、n 阶正交矩阵 V 和奇异值矩阵 S，取正交矩阵 U 的前 q_1 列，记为 K1，则 K1 即为降维后的本底数据库。

色谱条件：色谱柱为 C_{18} 柱（5μm，250mm×4.6mm）；柱温为 30℃，流速 1mL/min；进样量：20μL；流动相：乙腈∶磷酸盐缓冲溶液（pH 3.5，5.175g 磷酸二氢钾，116μL 磷酸，超纯水定容至 1000mL）＝1∶9（体积比）；检测波长：230nm。

本底数据库建立的算法程序和说明

A＝sumabsorb(“酚麻美敏片”)；　（将“酚麻美敏片”样品光谱信号转化为不同时刻下的吸光度值赋值到 A,即酚麻美敏片溶液的 DAD 数据。）

B1＝A(:,[1∶1400　1600∶2299])；　（将 A 中的多波长光谱数据经 B1 命令扣除待测组分对乙酰氨基酚的数据,得到数据量庞大的本底数据库,将其赋值到 B1。）

AG1＝mynumi(B1)；　（对 B1 进行主成分分析和降维,求取主成分数 q1。）

[U,S,V]＝svd(B1)；　（对 B1 本底进行奇异值分解。）

K1＝U(:,[1∶q1])；　（取 B1 本底的 1～q1 列作为计算对乙酰氨基酚含量的本底数据库 K1。）

AG2＝mynumi(B2)；　（对 B2 进行主成分分析和降维,求取主成分数 q2。）

[U,S,V]＝svd(B2)；　（对 B2 本底进行奇异值分解。）

K2＝U(:,[1∶q2])；　（取 B2 本底的 1～q2 列作为计算对乙酰氨基酚含量的本底数据库 K2。）

N＝[K1　K2]

向量子空间-夹角判据算法和具体解释

```
function cn=findc(N,v,a);  %N——本底矩阵,v——被测组分,a——混合物测量信号
        cn=[];
for i=1:1000;
da=a-i * v/1000;            %扣减
M=[da,N];                   %构造比对空间
n=subspace(v,M);            %计算夹角
cn=[cn n];                  %构成夹角序列值
end
```

4. 空间夹角判据算法具体解释和步骤

（1）根据定量精度设定扣除步数 Δ（本实例设为 1000）。

（2）在算式 $y_i=a_ix+b_i$ 中带入较大的 x_1 值，得到 v_1。

y_i 表示 i 波长下对乙酰氨基酚的吸光度值；a_i、b_i 表示常数；x 表示对乙酰氨基酚的浓度；v_1 即为浓度为 x_1 下对乙酰氨基酚的多波长吸光度 y_1，v_1 是所有 y_i 的值所组成的矩阵。

（3）从待测样品光谱数据库 a 中扣除 v_1/Δ，扣除后的变量记为 d_c；将空白本底数据库 N 和变量 d_c 合并，记为对照空间 M，计算对照空间 M 与 v_1 的夹角。

（4）从待测样品光谱数据库 a 中一步一步扣除 v_1，重复步骤（3），计算 M 与 v_1 的夹角值。

（5）重复步骤（4），当待测样品光谱数据库 a 中对乙酰氨基酚完全被扣除后，对照空间 M 和 v_1 的空间夹角会出现最大值 θ_{max}，记录 θ_{max} 出现时所对应的扣除步数 λ_{max}，通过对乙酰氨基酚的浓度 x_1 和扣除步数 λ_{max}，计算待测样品中对乙酰氨基酚的含量 y_1；计算方法为 $y_1=x_1\lambda_{max}/\Delta$，得到的 y_1 值即为待测样品中对乙酰氨基酚的含量；若空间夹角所对应的扣除步数为 1，或者空间夹角值随扣除步数单调递增（递减），则样品中不含待测组分对乙酰氨基酚。

（广西科技大学　粟晖，刘柳编写）

11.3　注射剂与药用玻璃包装容器的相容性试验

11.3.1　学习目标

- 了解无机元素定量分析的基本方法；
- 了解原子发射光谱仪器的基本操作。

11.3.2　实验原理

药用玻璃包装容器大量用于药品注射剂的包装，有安瓿和注射剂瓶，按玻璃的成分分为硼硅玻璃和钠钙玻璃，硼硅玻璃根据硼的含量又分为低硼硅玻璃、中性硼硅玻璃、高硼硅玻璃。

注射剂是一种用途广、起效快、高风险的剂型，其与包装容器发生相互作用的可能性在各类剂型中属于较高的。近年来，由于注射剂与其包装容器之间发生相互作用而引发的药品召回事件被广泛关注，因此国内外相继出台了一系列相关法律法规及指导原则，要求注射剂生产企业考察其与包装容器的相容性是否满足安全性的控制要求。

参考国家药用包装容器（材料）标准《中硼硅玻璃安瓿》（YBB00322005-2-2015）中安瓿耐碱性试验方法、《美国药典》玻璃容器内表面耐受性评估方法以及国际玻璃协会提出的药用玻璃侵蚀评估方法，指采用适宜的溶液作为侵蚀液，在极端条件下开展玻璃表面侵蚀试验，包含从发生侵蚀直至脱片的全过程。中国《化学药品注射剂与药用玻璃包装容器相容性研究技术指导原则》明确了要对硅/硼比例的变化趋势进行考察，如发生显著变化，则预示玻璃容器受侵蚀产生脱片和微粒（玻屑）的风险增加。

玻璃表面化学物质在玻璃表面和水相（水或水蒸气）之间，涉及氢离子和玻璃中碱性离子的离子交换和水向玻璃中扩散为 $SiOH+Na^{+}+OH^{-}$。水在渗滤液的存在下促进了 Si—O 键的水解，在较高的 pH 时，玻璃的降解机制会从碱金属离子的浸出转为硅酸盐化合物的形成并溶解，增加了硅酸在溶液中的溶解度。

本实验只涉及玻璃内表面侵蚀情况、离子变化两类评价。

11.3.3 材料与仪器

材料：市售药用玻璃瓶等。

仪器：高压灭菌器，显微镜，pH 计，石墨炉原子吸收分光光度仪。

侵蚀溶液及实验条件见表 11-1。

表 11-1 侵蚀溶液及实验条件

溶液	酸碱度(pH)	实验温度/℃	加热时间/h
0.9%氯化钾溶液	8	121	2
3%枸橼酸溶液	实际测定	80	24
3%枸橼酸钠溶液	8	80	24
20mmol/L 甘氨酸溶液	10	50	24
0.001mol/L NaOH 溶液	实际测定	121	0.5,1,2…
0.005mol/L NaOH 溶液	实际测定	121	0.5,1,2…
0.0075mol/L NaOH 溶液	实际测定	121	0.5,1,2…
0.01mol/L NaOH 溶液	实际测定	121	0.5,1,2…
去离子水或其他溶液	实际测定	注射剂实际灭菌或冻干条件	

11.3.4 实验步骤

（1）内表面亚甲蓝染色实验　每组取 5 个玻璃瓶，按表 11-1 选择实验条件进行实验。然后，将容器内表面清洗干净，晾干后，灌装 0.5%亚甲蓝溶液，静置 20min 后倒出，用低流速水灌入瓶内再倒出，反复 5～10 次，至样品内表面的蓝色不变为止。晾干后，观察玻璃包装容器内壁亚甲蓝挂壁现象，并与阳性对照容器及空白药用玻璃包装容器对比。本方法适用于无色透明玻璃包装容器。

（2）石墨炉原子吸收分光光度法测定硅　波长 251.61nm，狭缝 1.8mm 或 1.35mm，电流 45μA，110℃干燥 30s，1450℃灰化 30s，2650℃原子化 3s，2680℃清洁 5s；类型为吸收-背景（氘灯扣背景），测量峰面积，进样体积 25μL。每组取 5 个玻璃瓶，按表 11-1 选择实验条件进行实验。

11.3.5 计算硅的迁移量

测定实验前后试液中硅的含量，计算其差值，即得到实验后的硅迁移量。

思考题

1. 元素分析可以选择哪些测试方法?
2. 原子吸收分光光度法适合于测定哪些元素?
3. 如果药品玻璃包装容器在药液中的稳定性不够好,可能会有什么风险?

(四川大学　林翔编写)

12 制药工艺创新实验

12.1 酒石酸钠钾的控制结晶

12.1.1 学习目标

- 了解结晶过程中溶解度、降温速率和粒度分布等概念；
- 掌握在冷却结晶过程中降温速率的控制；
- 掌握在冷却结晶过程中晶种添加量对产品粒度分布的影响。

12.1.2 实验原理

结晶是化工过程中的一个重要操作单元，并且在许多工业领域中得到广泛应用。然而结晶过程的理论研究，直到 20 世纪 50 年代才开始引起注意。其中，我国的丁绪淮对工业结晶过程中溶液的过饱和度与结晶行为之间的关系进行了开拓性的研究，发展了介稳区、超溶解度等概念，奠定了工业结晶操作的基础概念——精确地将溶液的过饱和度控制在介稳区中，不使其出现初级成核现象，并向溶液中加入适当数量和适当粒度的晶种，从而产生预定粒度、合乎质量要求的匀整晶体。

过饱和度是结晶的推动力，控制过饱和度是控制结晶的主要手段。冷却结晶过程中溶液的过饱和度由降温方式决定，所以降温方式是冷却结晶最为重要的操作因素；搅拌对结晶过程中的物质传递和热量传递有着重要的影响，成核的诱导期和晶体的生长速率也会受到搅拌的影响。

选择适宜的降温程序，可使体系在间歇结晶过程中能维持一个恒定的最大允许过饱和度，使晶体能在指定的速率下生长，在整个过程中既不允许超过此值，避免影响产品质量，也不允许低于此值，以免降低设备的生产能力。Mullin 等根据经验的成核-生长动力学方程，计算出了间歇操作条件下的最佳降温程序的微分表示式

$$-\frac{d\theta}{dt}=\frac{3W_{s0}G(t)L^2(t)}{\left[\frac{d\Delta c}{d\theta}-\frac{dc^*}{d\theta}\right]L_{s0}^3} \tag{12-1}$$

式中，θ 为温度；t 为时间；W_{s0} 为晶种质量；L_{s0} 为晶种（平均）粒度；Δc 为过饱和度；c^* 为平衡饱和度；$G(t)$ 为晶体生长速度函数；$L(t)$ 为晶体粒度函数。

经简化后为

$$\theta_t=\theta_0-(\theta_0-\theta_f)(t/\tau)^n \tag{12-2}$$

式中，θ_0为起始温度；θ_f为终止温度；τ 为停留时间（由结晶动力学实验数据确定）；加晶种时 $n=3$，不加晶种时 $n=4$。

酒石酸钾钠的溶解度数据如表 12-1 所示。

表 12-1 酒石酸钾钠的溶解度数据

项目	0℃	10℃	20℃	25℃	30℃
溶解度/(g/100gH_2O)	28.4	40.6	54.8	63.6	76.4

本实验采用表 12-2 列出的简易降温程序控制。

表 12-2 降温程序

t/min	θ/℃	t/min	θ/℃	t/min	θ/℃	t/min	θ/℃
0	30.0	130	29.1	210	26.0	290	19.5
60	29.9	140	28.8	220	25.4	300	18.4
80	29.8	150	28.6	230	24.8	310	17.2
90	29.7	160	28.2	240	24.1	320	16.0
100	29.6	170	27.9	250	23.3	330	14.6
105	29.5	180	27.8	260	22.5	340	13.2
110	29.4	190	27.5	270	21.6	350	11.6
120	29.3	200	26.6	280	20.6	360	10.0

晶种加入量的选择：晶种的大小选择 30～40 目。晶种的粒度可取平均值 $L_s=512.5\mu m$，根据粒度衡算，$M_s/M_p=(L_s/L_p)^3$，欲使产品粒度 L_p 均小于 16 目（1180μm），则晶种质量与产品晶体质量之比 $M_s/M_p \leqslant 8.2\%$。因此，晶种的加入量分别定为 2%、5% 和 8%。

12.1.3 试剂与仪器

试剂：酒石酸钾钠等。

仪器：磁力搅拌器，玻璃夹套结晶器，锚式搅拌器，低温恒温槽等。

12.1.4 实验步骤

（1）根据酒石酸钾钠的溶解度数据配制 30℃的饱和溶液。

（2）设定降温速率，初始温度为 30℃，终止温度取 10℃，停留时间取 6h。

（3）将饱和溶液倒入玻璃夹套结晶器中，开启搅拌，搅拌速率采取 250r/min，让饱和溶液在 30℃稳定 0.5h 后，开始加入一定质量和大小的晶种，此后严格按照降温程序控温。

（4）实验结束后，采用真空抽滤分离产品晶体并筛分称重。

（5）可以同时进行加入晶种后的自然降温和匀速降温条件下的冷却结晶对比实验，观测其晶体粒度分布。

12.1.5 注意事项

严格控制降温速率，避免一次成核现象的产生（即由于降温过快，超过了介稳区宽度，导致大量晶核产生）。

12.1.6 实验结果与讨论

（1）记录实验条件、过程、酒石酸钾钠的用量及产品的质量。

（2）采用 Excel 或 Origin 将酒石酸钾钠的溶解度表拟合为数学表达式，并计算本实验中所用的停留时间 τ 值。

（3）总结晶种的加入量对产品粒度分布的影响。

思 考 题

1. 与有机化学实验中的重结晶操作相比，本实验的结晶操作有什么显著的不同？
2. 选择合适的图形来分别表示控制降温、匀速降温和自然降温的温度-时间关系。
3. 工业结晶中，成品的粒度是如何控制的？需要后继粉碎操作吗？

（四川大学 李军，周堃编写）

12.2 乙醇的蒸汽渗透脱水

12.2.1 学习目标

- 理解渗透蒸发的分离原理与操作工艺；
- 掌握渗透蒸发分离乙醇-水的操作方法；
- 研究影响渗透蒸发分离性能的主要因素及其影响规律。

12.2.2 实验原理

液体混合物原料被加热到一定温度后，在常压下送入膜分离器，在膜的下游侧用抽真空的方法维持低压。渗透物组分在膜两侧的蒸气分压差（或化学位梯度）的推动下透过膜，并在膜的下游侧汽化，进而被冷凝成液体而除去。不能透过膜的截留物从膜的上游侧流出分离器。整个传质过程中渗透物组分在膜中的溶解和扩散占重要地位，而透过侧的蒸发传质阻力相对要小得多，通常可以忽略不计，因此该过程主要受溶解及扩散步骤控制。

衡量渗透蒸发过程的主要指标是分离因子（α）和渗透通量（J）。分离因子定义为两组分在透过液中的组成比与原料液中的组成比的比值，它反映了膜对组分的选择透过性。渗透通量定义为单位膜面积上单位时间内透过的组分质量，它反映了组分透过膜的速率。分离因子与渗透通量的计算方法为

$$\alpha=\frac{y_A(1-x_A)}{x_A(1-y_A)} \tag{12-3}$$

$$J/[\mathrm{g}/(\mathrm{m}^2\cdot\mathrm{h})]=\frac{w}{A\Delta t} \tag{12-4}$$

$$x_A=\frac{x_{A1}+x_{A2}}{2} \tag{12-5}$$

式中，x_{A1}为实验前原料液浓度；x_{A2}为实验结束时原料液浓度；y_A 为透过液浓度；w 为透过液质量；A 为膜面积；Δt 为操作时间；x_A 为原料液平均浓度。

目前，已经有聚合物膜、分子筛膜用于有机溶剂脱水的渗透蒸发分离生产中，而 Na-A 型分子筛膜因其膜孔小于乙醇等大多数有机分子的动力学直径，只允许水分子通过，具有分离效果好、易于清洁、理化稳定性高、耐温等级较高等优点，应该优先选用。

12.2.3 试剂与仪器

试剂：乙醇。

（1）仪器实验设备主要技术参数 本实验设备的膜室有效面积为 3390mm^2；离心泵为 WB50/025；真空泵为 XZ-1。

(2) 实验装置及流程图与面板示意图见图 12-1、图 12-2。

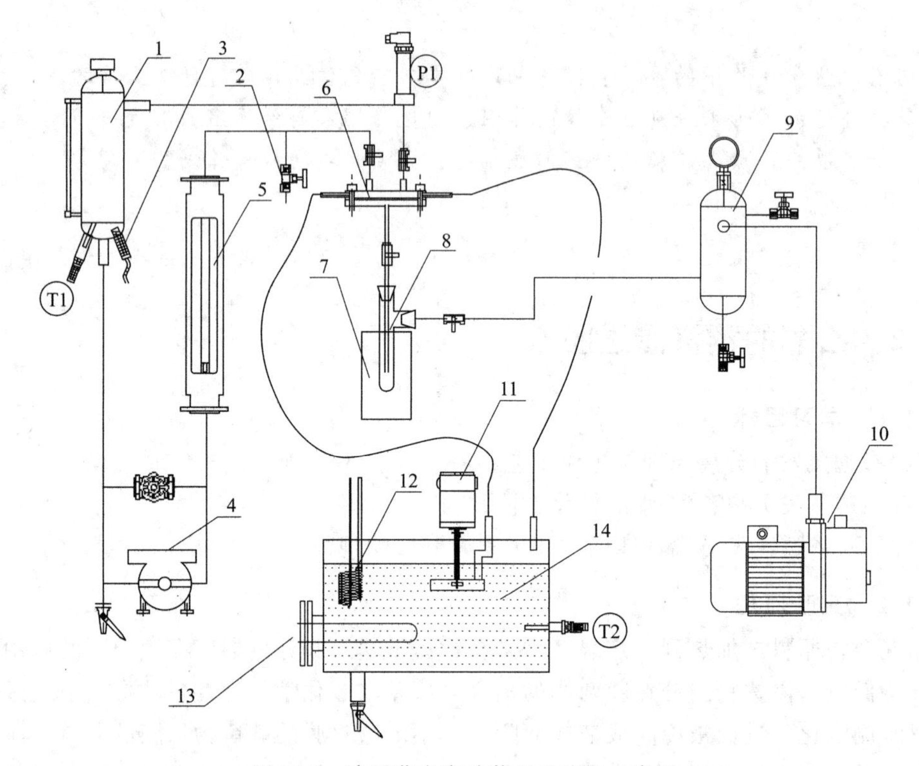

图 12-1 渗透蒸发实验装置及流程示意图

1—原料罐；2—取样阀；3—加热棒；4—进料泵；5—转子流量计；6—膜组件；7—冰盐水冷阱；8—渗透液收集管；9—缓冲罐；10—真空泵；11—水泵；12—冷凝器；13—恒温器加热棒；14—恒温器

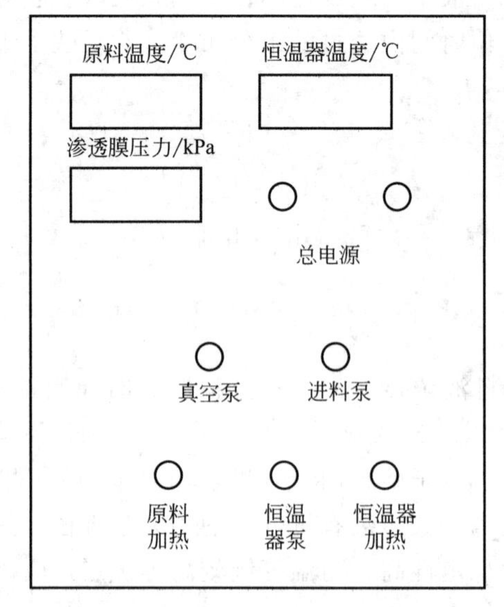

图 12-2 实验装置面板示意图

12.2.4 实验步骤

(1) 在原料罐中配制一定浓度的原料液（本实验采用 90%乙醇），原料量为 2.5～3L。

打开恒温器加热开关，将恒温器设定于90℃。

(2) 将膜装入膜室，拧紧螺栓，开启料液加热器（将原料液温度设定为85℃），打开进料泵，开始循环料液，使料液温度和浓度趋于均匀，将压力恒定于140kPa左右。用气相色谱仪或酒精计测定原料液浓度（x_{A1}）。

(3) 将渗透液收集管用电子天平称重后（w_1），装入冰盐水冷阱中，再安装到管路上，打开真空管路并检漏。

(4) 当料液温度恒定后，开启真空泵，将真空度设置为0.095MPa，打开真空管路阀门，观察系统的真空情况。待真空管路的压力达到预定值后，开始进行渗透蒸发实验，同时读取开始时间、料液温度、渗透侧压力、料液流量等数据。

(5) 达到预定的实验时间后，关闭真空泵，立即取下冷凝管，倒出滤过液。实验结束后，用酒精计或气相色谱仪检测原料液浓度（x_{A2}）和透过液浓度（y_A）。

(6) 取样分析后，关闭原料加热和恒温器加热，关闭进料泵、恒温泵，结束实验。

12.2.5 实验结果与讨论

(1) 记录实验条件、过程、分离前后样品浓度、操作时间。

(2) 计算渗透通量、分离因子，定性评价分离效果。

(3) 改变操作温度、膜材料等，研究其对分离效果的影响。

思 考 题

1. 简述渗透汽化分离乙醇的原理及优势。
2. 简述渗透汽化分离装置各组件在分离过程中的作用。

（四川大学 谭帅编写）

12.3 基于离心萃取的茶多酚的提取与精制工艺研究

12.3.1 学习目标

- 了解植物天然产物的常规提取及精制方法；
- 比较各种萃取操作及其工艺装备；
- 通过本实验的具体操作，掌握并熟悉茶多酚的提取与精制的工艺原理；
- 建立萃取溶剂选择的绿色理念。

12.3.2 实验原理

茶多酚是茶叶中表儿茶素、表没食子儿茶素及没食子酸酯类等30多种多酚类物质的总称，含量约占茶叶干物质总量的20%～30%。茶多酚分子中带有多个活性羟基（—OH），可终止人体中自由基链式反应，清除超氧离子，类似SOD的功效。目前茶多酚已在医药、饮料、食品、保健等行业中广泛应用。

茶多酚易溶于热水，其提取通常是用热水在一定温度下将茶多酚从茶叶中提取出来；然后对茶叶浸提液盐析处理除去部分杂质；再利用某些金属离子与茶多酚形成的络合物在一定pH下溶解度最低的特性，将茶多酚从浸提液中沉淀出来并高效地与咖啡碱等杂质分离；经过稀酸转溶将茶多酚游离出来后，用对茶多酚具有很好选择性的有机溶剂再次对其进行萃取分离；最后将茶多酚萃取液通过真空浓缩、真空干燥得到茶多酚精品。

本实验采用离心萃取技术，依据茶多酚、咖啡碱在乙酸乙酯、二氯甲烷中的不同溶解度，实现连续离心萃取提取。

12.3.3 试剂与仪器

试剂：氯化钠，柠檬酸，二氯甲烷，乙酸乙酯，维生素 C，磷酸氢二钠，磷酸二氢钾，硫酸亚铁，酒石酸钾钠，硫酸，香荚兰素，碱式乙酸铅，咖啡碱（≥99%）等。

仪器：电动搅拌器，离心萃取机，酸度计，真空干燥箱，棕色玻璃干燥器，抽滤瓶，真空蒸发浓缩装置（旋转真空蒸发浓缩器），水环式真空泵，天平（分析天平、托盘天平），电子控温器，水浴锅，紫外分光光度计，电冰箱，移液管，电炉，电热恒温干燥箱，冷冻干燥机，10μL 或 50μL 的微量吸管，10～15mL 具塞刻度试管，容量瓶，烧杯，量筒等。

12.3.4 实验步骤

（1）浸提　称取一定重量过 20 目的茶叶末，加入其质量 15～25 倍的 70～80℃的热水，搅拌下恒温浸提 20～60min，过滤得茶叶浸提液。取样分析浸提液中茶多酚的含量，计算浸提液中茶多酚的总量、茶多酚的浸提率。

（2）盐析　加氯化钠于茶叶浸提液中，使其浓度为 2%～6%，静置盐析 0.5～1.5h 后过滤。

（3）咖啡碱萃取分离　以二氯甲烷为萃取剂，萃取剂与水提液的体积比为 1∶1，使用离心萃取机进行三级（三次）萃取。

有机相减压浓缩，回收二氯甲烷，残渣用于提取叶绿素和咖啡碱。水相供下一工序使用。

（4）茶多酚萃取　在离心萃取机中，将上步工序得到的水相溶液用体积比 1∶(0.3～1.5) 的乙酸乙酯萃取 3～5 次，合并有机相萃取液。取样分析计算萃余相中茶多酚的总量，计算茶多酚的萃取率。

（5）洗涤　加入茶叶质量 1%～3%的维生素 C 至萃取液体积 0.4 倍的水中，用柠檬酸调节水溶液的 pH 为 2.5～3.0，等分成两份，对乙酸乙酯萃取液洗涤两次。

（6）蒸发浓缩　将洗涤后的乙酸乙酯相在 50～70℃下真空蒸发回收乙酸乙酯，待浓缩成膏状物时，加入膏状物两倍体积的无水乙醇洗涤挂在壁上的物料，继续浓缩成稠的膏状物。

（7）干燥　将膏状物放入真空干燥箱中，在 60～90℃下进行真空干燥，在前 1～2h 内，将物料搅动几次，当物料干燥成粉状或干的块状时，结束干燥。干燥时间一般为 4～8h。

（8）冷冻干燥　对步骤（6）中获得的无乙酸乙酯水溶液进行适度的减压蒸水，然后将浓缩液冷却至室温，转入冷冻干燥机经真空脱水获得茶多酚粉末。

（9）包装保存　将干燥好的茶多酚产品转移至自封塑料袋中，称重、取样后立即密封，置入棕色玻璃干燥器中，于低（室）温下避光保存。产品取样用于分析产品中茶多酚和咖啡碱含量，计算出茶多酚的最终得率。

12.3.5 茶多酚、儿茶素、咖啡碱的分析检测方法

12.3.5.1 茶多酚含量的分析检测方法

（1）原理　在一定 pH 条件下，酒石酸亚铁能与多酚类物质反应形成蓝紫色络合物，该络合物在 540nm 波长下具有最大吸光度。在适当的浓度范围内，茶多酚的含量与络合物的吸光度成正比，符合朗伯-比耳定律，因此可用分光光度法对茶多酚定量分析。

（2）试剂配制

① 酒石酸亚铁溶液：称取 1g（准确至 0.0001g）硫酸亚铁和 5g（准确至 0.0001g）酒石酸钾钠，用水溶解并定容至 1L（此溶液放置过夜后使用，可稳定 1 星期）。

② pH 7.5 的磷酸盐缓冲液

a 液$\left(\frac{1}{15}\text{mol/L 的磷酸氢二钠溶液}\right)$：称取磷酸氢二钠 23.877g，加水溶解并稀释至 1L。

b 液$\left(\frac{1}{15}\text{mol/L 的磷酸二氢钾溶液}\right)$：称取经 110℃烘干 2h 的磷酸二氢钾 9.078g，加水溶解并稀释至 1L。

取 a 液 85mL 和 b 液 15mL 混匀，即得 pH 7.5 的磷酸盐缓冲液。

（3）供试液的制备与测定　准确吸取待测溶液 1mL，将其稀释 1～25 倍，再从稀释液中准确吸取 1mL，注入 25mL 的容量瓶中，加水 4mL 和酒石酸亚铁溶液 5mL，充分混合，再加 pH 7.5 的磷酸盐缓冲液至刻度，用 1cm 比色杯，在波长 540nm 处，以试剂空白溶液作参比，测定吸光度。

（4）结果计算　待测溶液中茶多酚的含量用下式计算

$$\text{茶多酚}/(\text{g/mL})=1.957\times AX/500$$

式中，1.957 为用 1cm 比色杯，当吸光度等于 0.50 时，每毫升茶汤中含茶多酚相当于 1.957mg；A 为试样的吸光度；X 为待测溶液的稀释倍数。

12.3.5.2　儿茶素含量的分析检测方法

（1）实验原理　儿茶素是多酚类物质的主体成分。儿茶素和香荚兰素在强酸性条件下，生成橘红色到紫红色的产物，红色的深浅和儿茶素的含量呈一定的正相关关系，该反应不受花青苷和黄酮苷的干扰。实验证明香荚兰素是儿茶素的特异显色剂且显色灵敏度高，最低检出量可达 0.5μg。

（2）试剂和溶液

① 95%乙醇（优级纯）、盐酸（优级纯）。

② 1%香荚兰素盐酸溶液：1g 香荚兰素溶于 100mL 浓盐酸中，配制好的溶液应显淡黄色，如发现变红、变蓝绿色就都不能用。配制好的溶液应置于冰箱中保存，可用一天，不耐储藏，宜随配随用。

（3）步骤与方法　供试液的制备：称取 0.2～0.25g 茶多酚产品置于 25mL 容量瓶中，用 95%乙醇定容至 25mL，为供试液。

吸取 10μL 供试液，加入装有 1mL 95%乙醇的刻度试管中，摇匀，再加入 1%香荚兰素盐酸溶液 5mL，加塞后摇匀，呈红色，放置 40min 后，立即进行比色测定吸光度（A）。另以 1mL 95%乙醇加 5mL 1%香荚兰素盐酸溶液作空白对照，在波长 500nm 处，用 0.5cm 比色杯进行比色测定（注：如用 1cm 比色杯测定，需将测得的消光度除以 2）。根据实验得知，当测得消光度等于 1.00 时，被测液的儿茶素含量为 145.68μg。因此，测得的任意消光度只要乘以 145.68 即可得被测液中儿茶素的质量（μg）。

（4）结果计算　按下式计算儿茶素的总含量

$$\text{儿茶素总含量}/(\text{mg/g})=0.14568\times A\times(\text{总溶液量/mL})\div\text{吸取液量}\div(\text{样品质量/g})$$

12.3.5.3　咖啡碱含量的分析检测方法

（1）原理　茶叶中的咖啡碱易溶于水，除去茶多酚等干扰物质后，用特定波长测定其含量。

（2）试剂和溶液　本标准所用试剂，除另有规定外，均为分析纯（AR）；水为蒸馏水。

① 饱和碱式乙酸铅溶液：称取 50g 碱式乙酸铅，加水 100mL，静置过夜。

② 盐酸：0.01mol/L 溶液。取 0.9mL 盐酸，用水稀释至 1L，摇匀。

③ 硫酸：3mol/L 溶液。取 150mL 硫酸，用水稀释至 1L，摇匀。

④ 咖啡碱标准溶液：称取 100mg 咖啡碱（纯度不低于 99%）溶于 100mL 水中，作为母液。准确吸取 5mL，加水至 100mL 作为咖啡碱标准溶液（1mL 标准溶液含咖啡碱 0.05mg）。

（3）供试液的制备与测定　供试液的制备：同“茶多酚含量的分析检测方法”供试液的制备。

供试液的测定：准确吸取供试液 20mL，置于 100mL 容量瓶中，加入 0.01mol/L 盐酸溶液 10mL 和饱和碱式乙酸铅溶液 1mL，用水稀释至刻度，充分混匀，静置澄清过滤。准确吸取滤液 25mL 于 50mL 容量瓶中，加入 3mol/L 硫酸溶液 8 滴，加水定容，混匀，静置澄清过滤，弃去最初滤液，用 1cm 石英比色杯，以试剂空白溶液作参比，在波长 274nm 处测定其吸光度（A）。

（4）咖啡碱标准曲线制作　分别吸取 0mL，0.5mL，1.0mL，2.5mL，5.0mL，7.5mL，10.0mL，15.0mL 咖啡碱标准溶液于一组 100mL 容量瓶中，各加入 0.01mol/L 盐酸溶液 4mL，用水稀释至刻度，混匀，用 1cm 石英比色杯，以试剂空白溶液作参比，在波长 274nm 处，分别测定其吸光度，所测的吸光度与对应的咖啡碱浓度绘制成标准曲线。

（5）结果计算　茶多酚中咖啡碱含量用下式计算

$$\text{咖啡碱}/\% = CL \times 10 \div [m(1-G)] \times 100\% \tag{12-6}$$

式中，C 为根据试样测得的吸光度（A）从咖啡碱标准曲线上查得的咖啡碱的相应含量（mg/mL）；L 为供试液总量（mL）；m 为试样质量（mg）；G 为试样水分（%）。

12.3.6 计算项目及计算方法

根据上述数据，分别做出一定条件下溶剂不同倍数用量、不同萃取次数及不同萃取时间与茶多酚萃取率的关系曲线图。

12.3.7 实验结果与讨论

（1）通过实验数据的处理，试分析哪些因素影响茶多酚产品的产率及纯度？是怎样影响的？应该怎样去控制？

（2）试对本工艺的实验结果进行综合分析比较并给出最佳工艺条件。

思 考 题

1. 你认为本实验中哪些操作步骤很重要，应当怎样去操作？

2. 要提高产品产率和产品中茶多酚或儿茶素的含量，降低产品中咖啡碱的含量，你认为可以采取哪些方法或措施？

3. 茶多酚的提取与精制还有哪些主要工艺？各有何特点？

（四川大学　兰先秋编写）

12.4 亚硫酸盐氧化法测定发酵罐体积传质系数 K_{La}

12.4.1 学习目标

- 掌握亚硫酸盐氧化法测定发酵罐体积传质系数 K_{La} 的原理与方法。
- 考察通气、搅拌等因素时发酵罐内气液接触过程的体积传质系数 K_{La} 的影响。

12.4.2 实验原理

亚硫酸钠溶液，在铜或钴离子作为催化剂的作用下，能与液相中的溶解氧迅速反应，使亚硫酸根离子氧化为硫酸根离子，其氧化反应速率在较大的范围内与亚硫酸根离子浓度无关。由于氧是较难溶解于水的气体，因而氧的溶解速度要比液相中氧的消耗速度慢得多，因此氧分子一经渗入液相，就立即被还原，所以可以认为，在整个实验中，液相中的氧浓度（C）可视为零，即有

$$Nv=K_{La}(C^{*}-C)=K_{La}C^{*}$$

在 25℃及常压（0.1MPa）下，经测定亚硫酸钠溶液中的氧浓度 $C^{*}=0.21\text{mol}O_2/\text{L}$。所以从上式可以看出，只要测得 Nv 值，就可以计算出 K_{La}。

实验时，在搅拌罐中配制一定浓度的亚硫酸钠溶液，其体积视发酵罐的大小而定（装料系数在 0.6～0.8）。在搅拌通气下，加入少量催化剂硫酸铜，开始计时反应，取不同时刻的一定量试样与过量的碘溶液作用，多余的碘用标定过的硫代硫酸钠溶液来滴定，根据消耗的硫代硫酸钠溶液的体积，可以计算出单位时间内氧的溶解量 Nv 值。上述过程的反应式为

$$2Na_2SO_3+O_2 \longrightarrow 2Na_2SO_4$$

$$H_2O+Na_2SO_3+I_2 \longrightarrow Na_2SO_4+2HI$$

$$2Na_2S_2O_3+I_2 \longrightarrow Na_2S_4O_6+2NaI$$

12.4.3 试剂与仪器

试剂：0.1mol/L 碘液，0.1mol/L 硫代硫酸钠（$Na_2S_2O_3$）标准溶液，无水亚硫酸钠，硫酸铜等。

仪器：发酵罐（搅拌或气升式），计时器，碘量瓶，刻度吸管等。

12.4.4 实验步骤

（1）发酵罐清洗，试运转，确定其最佳装液量。

（2）装罐实验 配制实验溶液（每 1L 水完全溶解 31.5g 亚硫酸钠），加入发酵罐中；准确称取 0.5g 硫酸铜并溶解于少量水中，将硫酸铜溶液倒入发酵罐中；在室温下，开动搅拌通气，调节搅拌转速 n 和通气量 Q 于一定值；开始计时反应，每隔一定时间（5min）取样 1mL 分析测定其中的亚硫酸钠含量（每组实验共取 5 个样）。调节通气量或搅拌转速，重复上面的实验做另一组实验。

（3）根据考察搅拌转速或通气量对 K_{La} 的影响，改变实验条件，做 3 组条件实验。

12.4.5 分析方法

取 1mL 试样加入事先盛有 10mL 的 0.1mol/L 碘液的碘量瓶中，摇动使其反应，并用 0.1mol/L 硫代硫酸钠标准溶液滴定，近终点时，加入 2 滴淀粉溶液作为指示剂，再滴定至

无色为终点，记下所消耗的硫代硫酸钠标准溶液体积（mL）。

12.4.6 实验结果与讨论

讨论分析各个因素对发酵罐体积传质系数 K_{La}的影响，并计算出各个条件下发酵罐的体积传质系数 K_{La}。

思 考 题

1. 试分析实验过程中的主要误差来源，并提出今后实验改进的意见。
2. 搅拌转速对体积溶氧系数有什么影响？

（四川大学 承强编写）

12.5 拉曼光谱法在线分析阿司匹林合成过程

12.5.1 实验目的

- 学习便携式拉曼光谱仪的基本操作；
- 学习数据处理的算法程序；
- 理解和掌握结合子空间角度转换和拉曼光谱快速分析阿司匹林合成过程的方法。

12.5.2 实验原理

乙酰水杨酸（阿司匹林）为解热镇痛的非甾体抗炎药，其合成是由水杨酸乙酰化反应制得

$$(CH_3CO)_2O + \text{HO}-C_6H_4-\text{COOH} \xrightarrow[\triangle]{H^+} CH_3COO-C_6H_4-\text{COOH} + CH_3COOH$$

水杨酸　　乙酰水杨酸

目前报道的阿司匹林检测方法主要有酸碱滴定、薄层色谱、紫外光谱、高效液相色谱法等。传统的药物分析方法，需要对检测样品进行取样、溶解等处理，整个分析过程烦琐、费时，无法对反应过程进行实时监控。

“在线拉曼光谱”技术是在传统拉曼光谱技术中引入光纤，将探头和光谱仪的主体分开，提高了灵活性和可靠性，可以很方便地将拉曼光谱技术应用于各类化学反应的研究，拉曼光谱仪正开始用于各种过程的实时检测。

被测样本 a 包含被测组分 v 和其他组分，被测样本中 v 的含量越低，被测样本 a 与 v 的夹角越大，反之越小。在阿司匹林合成反应体系中，反应过程采集到的被测样本的拉曼光谱为向量 a，阿司匹林的拉曼光谱为向量 v，那么 a 与 v 之间的夹角会随反应时间发生变化。

本实验对阿司匹林的合成过程进行实时跟踪检测，采集在反应过程中不同时刻的拉曼光谱，采用基于子空间角度转换的化学计量学方法，求取体系拉曼光谱响应与待测组分的纯光谱的角度值，得到角度值随时间的变化曲线，实现对阿司匹林合成过程反应趋势跟踪。

12.5.3 仪器与试剂

仪器：便携式拉曼光谱仪，分析天平，磁力加热搅拌器等。

试剂：水杨酸，乙酰水杨酸（阿司匹林），乙酸酐，醋酸，氨基磺酸。（均为分析纯）

12.5.4 实验内容

12.5.4.1 实验步骤

（1）依照图 12-3 搭建反应过程监测装置。

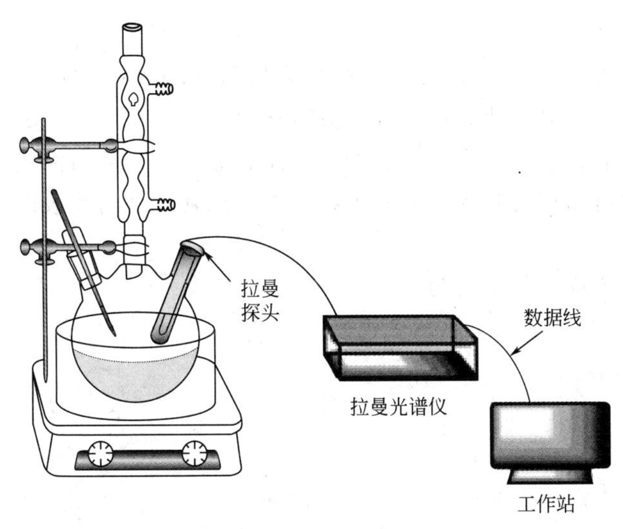

图 12-3 反应过程在线监测装置图

（2）称取水杨酸 13.88g，乙酸酐 20.73g，氨基磺酸 0.25g。水浴温度升至 75～80℃时，将乙酸酐、水杨酸、氨基磺酸依次加入 100mL 三口烧瓶，磁力搅拌，待水杨酸完全溶解加入氨基磺酸，恒温反应 18min。每间隔 1min 扫描反应体系拉曼光谱，保存为 S1～S18。其中光谱采集参数为：激光器功率 400mW；波长 785nm；积分时间 2000ms。

（3）取分析纯乙酰水杨酸（阿司匹林）1g，采集纯物质拉曼光谱数据，记为 B1。

拉曼光谱仪的使用参看仪器使用说明书。

12.5.4.2 数据分析

（1）打开数据处理平台（MATLAB2018b 以上），导入所采集的反应过程光谱 S1～S18 和 B1。

（2）调用算法程序（见本书 11.2），对 S1～S18 和 B1 进行一阶导光谱预处理，然后求取反应过程光谱 S1～S18 与阿司匹林纯光谱 B1 的夹角值。

（3）绘制夹角值和时间的关系图，得到合成过程生成物乙酰水杨酸（阿司匹林）的反应趋势，判断反应终点。

思 考 题

如何实现反应过程体系的多组分反应趋势分析？

（广西科技大学 粟晖，姚志湘编写）

12.6 川芎中主要有效成分工业化综合提取工艺研究

12.6.1 学习目标

- 了解工业化综合提取分离中药材有效成分的思路和过程；
- 掌握川芎有效成分综合提取分离中各个工艺环节的原理和具体操作；
- 了解工业生产中过程控制和监测的基本方法。

12.6.2 实验原理

川芎是著名的传统中药之一，为伞形科植物川芎（*Ligusticum chuanxiong* Hort.）的干燥根茎，性辛，温，归肝、胆、心包经，具有活血行气、祛风止痛的功效，在临床上可以用于心血管疾病，肾脏疾病及妇女月经不调、经闭、痛经、产后淤滞腹痛等疾病的治疗。川芎中的活性成分主要有以川芎嗪为代表的生物碱类、以阿魏酸为代表的有机酸类以及挥发油类成分。

川芎中已知的主要成分的结构为

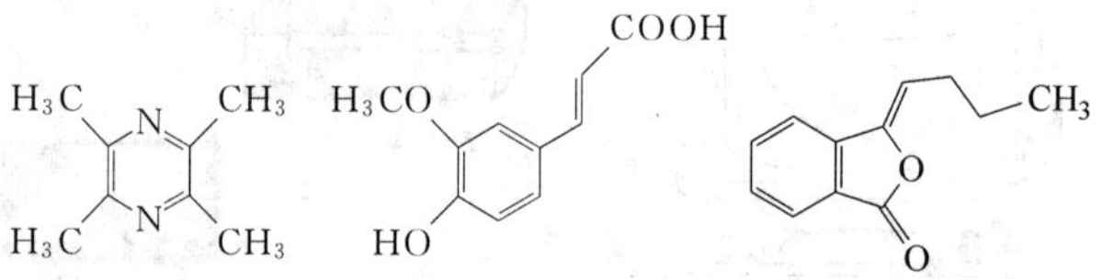

川芎嗪　　阿魏酸　　藁本内酯

川芎嗪（ligustrazine）：又称四甲基吡嗪。$C_8H_{12}N_2$，无色针状结晶，有异臭和吸湿性。易升华。熔点 80～82℃。沸点 190℃。易溶于热水、石油醚，溶于氯仿、稀盐酸，微溶于乙醚，不溶于冷水。

阿魏酸（ferulic acid）：$C_{10}H_{10}O_4$，淡黄色针状结晶，熔点 174～176℃，溴甲酚绿反应呈阳性，表明其具有羧基。顺式异构体为黄色油状物。反式异构体为斜方针状结晶（水）。溶于热水、乙醇和乙酸乙酯，较易溶于乙醚，微溶于苯和石油醚。可以和碱形成不同的金属盐。

川芎挥发油：川芎挥发油含有藁本内酯、二氢藁本内酯、丁基苯酞、3-丁基-4,5-二氢苯酞、香松烯、蒎烯、莰烯、月桂烯、罗勒烯、芳樟醇、月桂烯醇等多种成分。其中藁本内酯可占挥发油总量的 50%～80%，表明藁本内酯为挥发油的主要成分。

本实验中川芎嗪的提取采用酸水法，是因为川芎嗪为弱碱性生物碱，以不稳定的盐或游离的形式存在，该生物碱的亲水性比较弱，采用酸水为提取液，增加其溶解度，使生物碱与酸生成盐而溶出。乙醇沉淀主要用于去除蛋白质、多糖等杂质。

阿魏酸的纯化采用酸碱萃取处理法，主要是由于阿魏酸分子中具有酚羟基，显弱酸性，在碱溶液中能成盐增大溶解能力，萃取液加酸酸化后又成为游离的阿魏酸析出，由此将阿魏酸与其他成分分离。

离子交换树脂对吸附质的作用是通过静电引力和范德瓦耳斯力达到分离和纯化的目的，在生物碱的纯化中使用的是阳离子交换树脂，生物碱盐阳离子交换到树脂上从而与非碱性的化合物分离，再用碱水洗脱得到生物碱。由于离子交换树脂提取分离技术设备简单、操作方便、生产连续化程度高，而且得到的产品往往纯度高、成本低，因而离子交换树脂在天然产物提取分离研究与生产中的应用日益广泛。

水蒸气蒸馏法是提取挥发油最常用的方法，其基本原理是道尔顿分压定理。由水蒸气蒸馏得到的挥发油成分，由于挥发油一般不溶于水，可将其直接分离得到。

总提取分离流程如图 12-4 所示 。

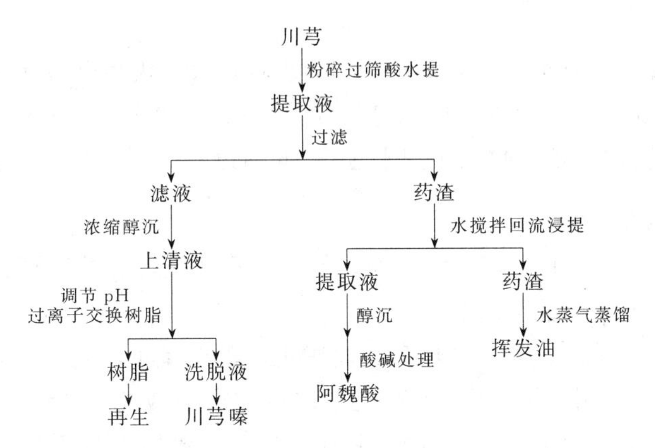

图 12-4 川芎的提取分离流程

工业化阳离子交换色谱装置示意图如图 12-5 所示。

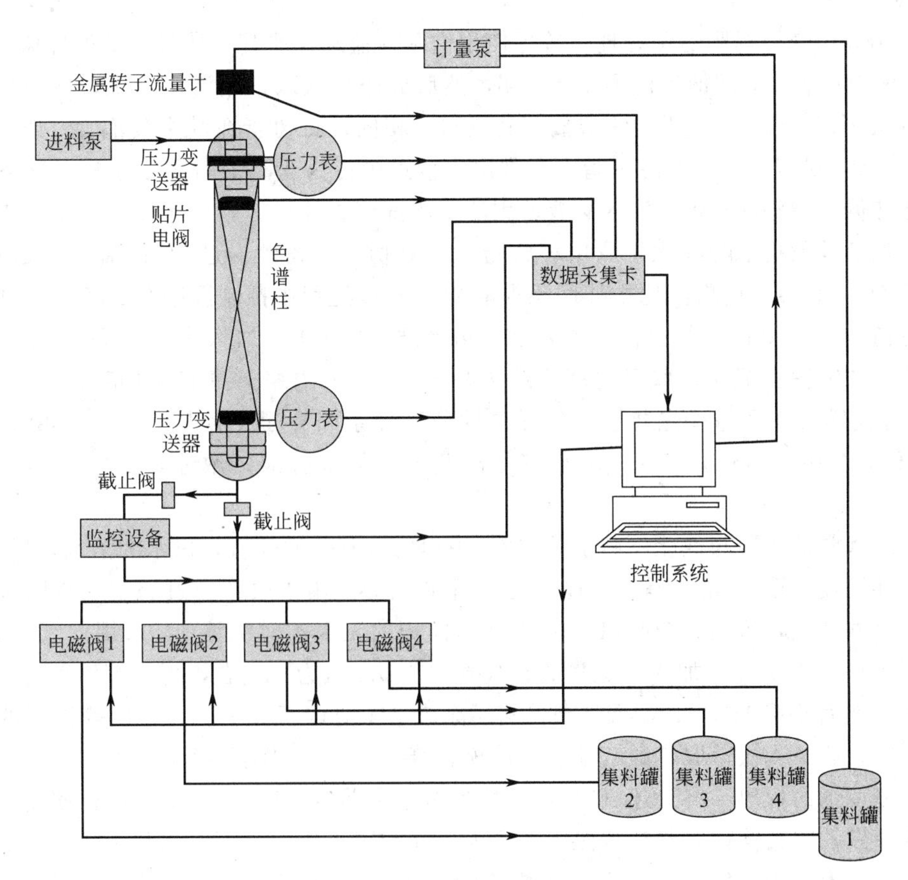

图 12-5 阳离子交换色谱装置示意

如图 12-5 所示，通过计量泵来加入流动相，用金属转子流量计来测量流量，在色谱柱进口位置测量压力和温度，在出口端测量压力。当压力超出设定值时，计算机报警，并自动切断计量泵电源。流动相流出经过紫外分光光度计检测池，当紫外分光光度计没有出峰时，流动相通过1号电磁阀进入1号集料罐，当出现第一个峰时（电流信号或者电压信号改变）1号电磁阀关闭，流动相通过2号电磁阀进入2号集料罐，当出现第二个峰时，依此类推。

采用带显示的温度变送器、压力变送器作为现场仪表。温度测量范围为－10～40℃，精度±0.2℃；压力范围0～0.5MPa；中压色谱柱75mm×150cm，50mm×100cm；流量40～60mL/min；电磁阀选常闭型；数据采集卡选用16通道。

12.6.3 试剂与仪器

试剂：NaCl，NaOH，HCl，无水乙醇，氨水，石灰乳，乙酸乙酯，川芎原药材，阳离子交换树脂，色谱级甲醇，重蒸水等。

仪器：纱布，三口圆底烧瓶，电热套，抽滤瓶，布氏漏斗，真空泵，粉碎机，20目筛，挥发油提取器，容量瓶，电子天平，十八烷基硅烷键合硅胶 C_{18}（4.6mm×250mm）色谱柱，高效液相色谱系统，CBL Model 100 柱温箱，色谱数据处理系统，Hamilton 25μL 注射器。

12.6.4 实验步骤

（1）阳离子交换树脂的预处理　首先使用饱和食盐水，取其量约等于被处理树脂体积的3倍，将树脂置于食盐溶液中浸泡18～20h，然后放净食盐水，用清水漂洗，使排出水不带黄色。其次再用2%～4% NaOH溶液，其量与上相同，将树脂在其中浸泡2～4h（或做小容量清洗），放尽碱液后，冲洗树脂直至排出水接近中性为止。最后用5% HCl溶液，其量要与上述相同，浸泡4～8h，放尽酸液，用清水漂洗至中性。

（2）川芎嗪的提取与纯化　取川芎原药材3kg切片、粉碎、过20目筛，用0.1%的盐酸作为溶剂，以1∶6的料液比搅拌回流提取2h，提取过程中控制温度在25℃。用4层纱布过滤，滤渣同法重复提取3次。合并滤液，浓缩至500mL，加入3倍体积的无水乙醇沉淀12h，用滤纸滤去沉淀，取上清液浓缩至30mL，调节浓缩上清液pH值为1.5（即为上样液），将上样液加到一预先装填好的强酸性苯乙烯系阳离子交换树脂柱上，用5倍量的乙醇∶氨水（10mol/mL）＝7∶3溶液进行洗脱，收集洗脱液，浓缩，真空干燥，得到川芎嗪。

（3）阿魏酸的提取与纯化　将上述（2）中提取后剩余的药渣，以水为溶剂，以1∶5的料液比搅拌回流提取0.5h，提取过程温度控制在50℃。用4层纱布过滤，滤渣同法重复提取2次。合并滤液，浓缩至500mL，加入3倍体积的无水乙醇沉淀12h，用滤纸滤去沉淀，取上清液浓缩至500mL，加入一定量的石灰乳调节pH值为9左右，再用等体积的乙酸乙酯萃取2次，然后使用1mol/L盐酸调节，将萃余液pH值调至5左右，再用等体积的乙酸乙酯萃取3次，收集多次萃取乙酸乙酯层，浓缩，真空干燥，得到阿魏酸。

（4）挥发油的提取　将上述（3）中提取后剩余的药渣，以1∶6的料液比使用水蒸气蒸馏法提取挥发油，具体提取测定按照《中华人民共和国药典》中挥发油测定法的第二种方法进行。挥发油含量用挥发油提取器对所得挥发油量直接进行测定。

（5）高效液相色谱检测川芎嗪和阿魏酸的含量

① 对照品溶液制备

川芎嗪：精密称取盐酸川芎嗪对照品 50mg，加甲醇溶解，置于 100mL 容量瓶中，稀释至刻度，摇匀，作为对照品溶液。

阿魏酸：精密称取阿魏酸对照品 50mg，加甲醇溶解，置于 100mL 棕色容量瓶中，稀释至刻度，摇匀，作为对照品溶液。

② 供试品溶液制备

川芎嗪：精密称取一定量提取的川芎嗪，用 100mL 甲醇溶解，摇匀，超声 20min，微孔滤膜过滤，滤取澄清液。

阿魏酸：精密称取一定量提取的阿魏酸，用 100mL 甲醇溶解，摇匀，超声 20min，微孔滤膜过滤，滤取澄清液。

③ 色谱条件

川芎嗪：色谱柱为十八烷基硅烷键合硅胶 C_{18}（4.6mm×250mm），流动相为甲醇∶水=60∶40，流速为 0.5mL/min，以 281nm 为检测波长，柱温 25℃。

阿魏酸：色谱柱为十八烷基硅烷键合硅胶 C_{18}（4.6mm×250mm），流动相为甲醇∶1%醋酸=35∶65，流速为 0.5mL/min，以 324nm 为检测波长，柱温 25℃。

④ 标准曲线制备

川芎嗪：精密吸取川芎嗪对照品溶液 1.0mL、3.0mL、5.0mL、7.0mL、9.0mL，置于 10mL 容量瓶中，用甲醇稀释至刻度，摇匀。分别精密吸取上述各标准溶液 5μL 注入色谱系统中，以川芎嗪峰面积积分值（y）为纵坐标、标准品浓度（x）为横坐标，绘制标准曲线。

阿魏酸：精密吸取阿魏酸对照品溶液 2.0mL、4.0mL、6.0mL、8.0mL、10mL，置于 10mL 棕色容量瓶中，用甲醇稀释至刻度，摇匀。分别精密吸取上述各标准溶液 5μL 注入色谱系统中，以阿魏酸峰面积积分值（y）为纵坐标、标准品浓度（x）为横坐标，绘制标准曲线。

12.6.5 注意事项

① 浓缩过程中温度不得高于 60℃。

② 用石灰乳和盐酸调节 pH 值时要小心，不能太高或太低。

③ 色谱柱操作中尽量不要引入气泡。

12.6.6 实验结果与讨论

① 记录实验条件、现象、图谱、各试剂用量以及川芎嗪、阿魏酸、挥发油的量。

② 计算川芎嗪、阿魏酸、挥发油的产量和得率（见表 12-3）。

表 12-3 实验数据处理表

产　品	干　重	峰面积值	产　率	纯　度
川芎嗪				
阿魏酸				
挥发油				

③ 总结并搜集相关资料，从表 12-4 所列指标进行初步技术经济考察。

表 12-4 初步技术经济考察表

消耗时间	试剂费用	水电费用	川芎嗪产值	阿魏酸产值	挥发油产值

思考题

1. 工业化和实验室提取分离相比在思路和过程上有哪些不同？
2. 各种不同成分的提取分离原理是什么？
3. 如果产品的实际得率不高，可能的原因是什么？

（四川大学　姚舜，宋航编写）

参 考 文 献

[1] 宋航，承强，樊君．制药工程专业实验．2 版．北京：化学工业出版社，2010.
[2] 谷珉珉，贾韵仪，姚子鹏．有机化学实验．上海：复旦大学出版社，1991.
[3] 李发美．医药高效液相色谱技术．北京：人民卫生出版社，1999.
[4] 牟世芬，刘克纳．离子色谱方法及应用．北京：化学工业出版社，2000.
[5] 黄聪明，陈祥光，何恩智．化工过程控制原理．北京：北京理工大学出版社，2000.
[6] 辽宁省计量科学研究院组．分光光度计使用与维修．北京：中国计量出版社，2002.
[7] 董大勤，袁凤隐．压力容器与化工设备实用手册．上册．北京：化学工业出版社，2000.
[8] 尤庆祥．药物有机化学实验教程．成都：成都科技大学出版社，1998.
[9] D. L. 帕维亚，G. M. 兰普曼，G. S. 小克里兹．现代有机化学实验技术导论．丁新腾译．北京：科学出版社，1985.
[10] J. A. 米勒，E. F. 诺齐尔．现代有机化学实验．董庭威，等译．上海：上海翻译出版公司，1987.
[11] 李正化．有机药物合成原理．北京：人民卫生出版社，1985.
[12] K. Weissermel，H. J. Arpe. 工业有机化学．周游，等译．北京：化学工业出版社，1998.
[13] R. M. Roberts，等．近代实验有机化学导论．曹显国，胡昌奇，译．上海：上海科学技术出版社，1981.
[14] H. Berker，等．有机化学基础实验（上、下）．四川大学化学系有机化学教研室译．北京：高等教育出版社，1983.
[15] 崔九成，等．氧化苦参碱的提取分离工艺研究．陕西中医学院学报，2000，23（5）：51-52.
[16] 杨志胜，等．提取黄连素最佳条件的选择．西北药学杂志，1996，11（1）：16-17.
[17] 李云华，等．用超临界流体萃取-薄层色谱扫描法测定中药大黄中大黄素的含量．药物分析杂志，1995，15（1）：336-338.
[18] 张朝燕，等．芦丁提取工艺的研究．基层中药杂志，2002，16（4）：29-30.
[19] 王希，等．正交试验法优选白芷的提取工艺．中药材，2001，24（8）：591-592.
[20] 汪建明，等．芦荟多糖制取方法的初步研究．食品研究与开发，2002，23（3）：21-24.
[21] 张荣泉，等．大孔吸附树脂在中药成分精制中的应用．中国药业，2004，13（5）：72-73.
[22] 张培芳，张亚强．葛根素提取分离工艺及含量测定方法研究．陕西中医学院学报，1999，22（5）：39.
[23] 李剑君，李多伟．葛根总黄酮中葛根素的分离研究．中国医药工业杂志，2001，32（7）：291-293.
[24] 杨贤强，王乐飞，陈留记．茶多酚化学．上海：上海科学技术出版社，2003.
[25] 战广琴，罗曼，等．牛血、猪血中 SOD 系统分离技术．生物学杂志，2003，20（1）：40-42，61.
[26] 张波，庞第．牛血中 SOD 提取技术研究．宁夏大学学报，2002，123（1）：69-70.
[27] 李良畴．生化制药学．北京：中国医药科技出版社，1991.
[28] 李良铸，李明晔．最新生化药物制备技术．北京：中国医药科技出版社，2002.
[29] 陆彬．药剂学实验．北京：人民卫生出版社，1997.
[30] 毕殿洲．药剂学．4 版．北京：人民卫生出版社，1999.
[31] 崔福德．药剂学．5 版．北京：人民卫生出版社，2003.
[32] 平其能．现代药剂学．北京：中国医药科技出版社，1998.
[33] 庄越．实用药物制剂技术．北京：中国医药科技出版社，1999.
[34] Alfred W C，Norman M H，John R E，et al. J Org Chem，1962，27：1381.
[35] Paul C，Arnold V，Eugene R，et al. J Chem Soc Perkin Ⅰ，1973，932.
[36] 陈亮，李军．酒石酸钾钠结晶工艺的优化．精细化工，2005，22（5）：691.
[37] 丁绪淮，谈遒．工业结晶．北京：化学工业出版社，1985.

［38］JW Mullin. Crystallization. 3rd ed. 北京：世界图书出版社，2000：355.
［39］Babu B，Ramesh. Preparation of dyclonine hydrochloride ［P］. IN 172270，1993-05-29. CA1996，124：289276.
［40］陈亮，李军．酒石酸钾钠结晶工艺的优化．精细化工，2205，22 (5)：691.
［41］丁绪淮，谈遒．工业结晶．北京：化学工业出版社，1985.
［42］Mullin J W. Crystallization. 3 版．北京：世界图书出版社，2000.